(연구결과 활용을 위한)

# 원예·특용작물 기술정보(8)

농촌진흥청
국립원예특작과학원

# 목 차

## Ⅰ. 채 소 ·············································· 1
1. 시설환경관리 ································· 3
2. 마늘 ············································· 8
3. 양파 ············································ 13
4. 단호박 ········································· 18
5. 얼갈이배추 ··································· 28
6. 갓 ··············································· 30

## Ⅱ. 과 수 ············································ 35
1. 사과 ············································ 37
2. 배 ··············································· 43
3. 복숭아 ········································· 49
4. 포도 ············································ 57
5. 감귤 ············································ 62
6. 단감 ············································ 68
7. 패션프루트 ··································· 73

## Ⅲ. 화 훼 ············································ 79
1. 국화 ············································ 81
2. 카네이션 ······································ 89
3. 철쭉 ············································ 93

## Ⅳ. 특용작물 ········································ 99
1. 인삼 ··········································· 101
2. 오미자 ········································ 108
3. 우슬 ··········································· 110
4. 천궁 ··········································· 111
5. 약용작물 ····································· 112
6. 느타리버섯 ································· 116

## Ⅴ. 주요 원예·특용작물 경영정보 ········ 123
1. 토마토 ········································ 125
2. 주요 작물 가격동향 ···················· 135

《 요 약 》 원예·특용작물 기술정보(제143호)

### < 채 소 >
- 시설환경관리는 시설의 온도환경, 작물생육과 온도관리, 영농활용 1건
- 마늘은 수확시기, 수확방법, 큐어링 효과, 영농활용 1건, 보도자료 1건
- 양파는 수확기 적기판정, 수확작업 및 건조, 큐어링 방법, 영농활용 1건
- 단호박은 생리·생태적 특성, 주요품종, 재배기술 등
- 얼갈이배추는 재배환경, 재배기술 등
- 갓은 재배특성, 재배기술 등

### < 과 수 >
- 사과는 열매솎기(적과), 토양수분 관리, 웃거름 주기, 병해충 방제, 보도자료 1건
- 배는 열매솎기(적과), 웃거름 주기, 보도자료 1건
- 복숭아는 열매솎기(적과), 봉지씌우기, 신초관리, 병해충 방제, 영농활용 2건, 보도자료 1건
- 포도는 새가지 유인, 꽃송이 다듬기, 순지르기, 개화기 저온에 의한 꽃떨이 현상, 영농활용 1건
- 감귤은 생리생태, 감귤나무 관리, 고접수의 접목후 관리, 감귤 주요 병 발생 정보 및 방제 요령
- 단감은 꽃눈분화, 꽃봉오리 솎기, 병 방제
- 패션프루트는 보도자료 1건

### < 화 훼 >
- 국화는 번식방법, 차광재배기술, 영농활용 1건, 보도자료 1건
- 카네이션은 적심, 전등조명 시기 및 효과 등
- 철쭉은 생육습성, 온도 및 일장과 화아형성, 개화기조절 등

### < 특용작물 >
- 인삼은 병해충 방제, 본밭관리, 생리 장해, 보도자료 1건
- 오미자는 저온피해 예방, 결실 가지 솎음전정, 생육 비배관리, 해충방제
- 우슬은 재배법
- 천궁은 영농활용 1건
- 약용작물은 생육관리(구기자, 당귀, 식방풍, 마, 백수오, 감초, 지황 등), 연구동향(시설 스마트팜)
- 느타리버섯은 버섯 발생과 자실체 생육, 생육기 균상관리, 보도자료 1건

### < 주요 원예·특용작물 경영정보 및 연구 성과 >
- 토마토는 수급 전망 및 동향, 시설토마토 수익성 등
- 주요 작물 가격동향은 4월 16일 기준임

# I. 채 소

# 1. 시설환경관리

□ 시설의 온도 환경
 ○ 시설의 온도 특이성
  - 시설 내 기온은 실내로 유입된 열량과 방출된 열량 차이에 의해 결정되는데 주로 태양으로부터 도달되는 일사량에 의해 변화됨
  - 시설 내로 유입된 에너지는 지표면과 작물체에 흡수되어 지온과 작물체 온도를 상승시키는 데 이용되지만, 일부는 반사되어 외부로 방출되거나 시설 내부의 온도를 높이게 됨
  - 야간에는 주간에 축열된 열이 방열되기 때문에 온도가 떨어짐

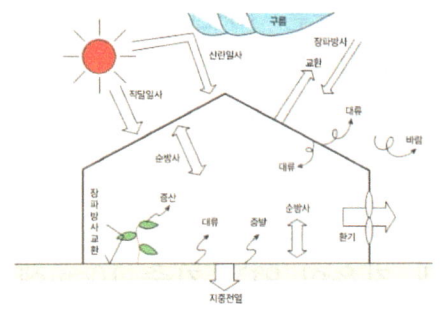

〈온실의 열수지〉

 ○ 시설 내 기온
  - 시설 내 기온은 피복자재에 의해 외부와 차단되기 때문에 주간에는 외부 기온보다 높게 되고, 야간에는 온도가 낮아져 외부 기온과 비슷한 상태가 됨
  · 이러한 온도 변화는 태양고도에 따라 변하는 일사량과 밀접한 관계가 있음
  - 저온기에 시설 내부의 주간 온도는 환기해야 할 정도로 올라가지만, 야간 온도는 외부 기온과 같이 낮아지기 때문에 보온과 가온이 필요함

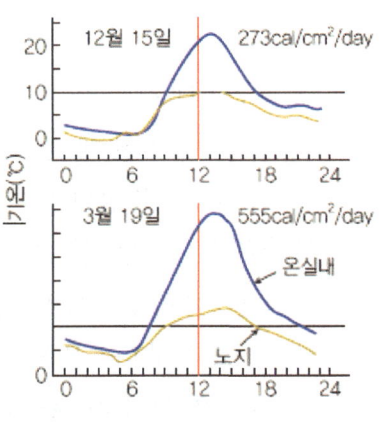

〈온실 내 기온의 일 변화〉

○ 시설 내 지온
 - 지중 온도는 아래로 내려갈수록 온도변화가 작아지는 특징이 있음
 - 지중 10m 깊이에서는 거의 변화가 없고, 5m 깊이에서는 계절에 따라 2~3℃ 정도 변함

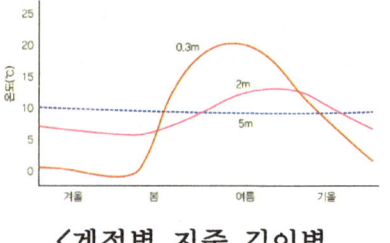

<계절별 지중 깊이별 온도 변화>

 - 지표면은 주간에 가열되고 야간에 냉각 되는데 이러한 가열 및 냉각 효과는 하루 주기로 일어남
 - 작물을 재배하는 데 있어 지온은 작물의 뿌리가 분포하는 지중 20~30cm 깊이가 중요함
 - 대부분의 시설재배 작물은 15~20℃ 범위가 생육 적온이며 13℃가 한계 지온으로 알려져 있음
 - 시설 내 지온은 일사에 의해 유입된 열량과 시설 내 기온에 의해 전달된 열량으로서 외부 지온보다 높음
 - 온실 내부 및 외부의 지온을 비교하면, 지중 70cm의 지온은 외부 지온보다 온실 내 지온이 9℃, 지중 10cm에서는 13℃ 더 높음
 · 이러한 온도 차이는 지표에 가까울수록 더 크며 온실 규모가 클수록 현저하게 나타남

❑ 작물 생육과 온도 관리
 ○ 온도와 광합성
  - 작물은 대기로부터 흡수한 이산화탄소와 뿌리에서 흡수한 물을 이용하여 식물체 잎에서 햇빛을 받아 동화산물을 생성함
  - 이 광합성 과정에서 생성된 동화산물은 전분 및 당으로 저장되고 식물체의 구성 물질로 이용됨
  · 이러한 작용은 재배 환경에 영향을 많이 받는데 작물의 광합성은 저온 조건보다 온도가 높아지면서 급격히 증가하고 고온이 되면 호흡이 왕성해져 광합성량은 감소하게 됨

- 광합성 속도가 가장 높은 온도는 작물별, 빛의 세기에 따라 차이가 있으나 토마토는 20~25℃, 오이는 23~28℃, 고추는 25~30℃로 광합성량이 높은 작물은 생육 적온도 높은 편임
  · 그러나 고온에서는 광합성량이 감소하며 장시간 고온 조건에 두면 고온에 의한 피해를 받아 회복할 수 없음

〈온도에 따른 작물의 광합성 속도〉

- 따라서 지나친 저온 및 고온은 장해를 유발하므로 시설 내 온도 관리는 매우 중요함

○ 작물별 생육 적온
- 저온기에 시설재배에서 난방이나 보온이 제대로 되지 않으면 저온 장해를 받아 생장이 정지하고, 심하면 동사하게 됨
- 동해를 입지 않을 정도의 저온(0~10℃)이라 할지라도 작물 생육이 위축되고 숙기가 지연되며 비상품과 발생이 증가하는데 저온 지속 시간이 길어질수록 심해짐
  · 따라서 저온 장해를 방지하기 위해 적정온도로 관리하는 것이 필요함
- 저온 및 고온에 따른 피해는 육묘기, 꽃눈분화기, 개화기 전후에 가장 많음
- 오이는 저온·고온 시 어린잎이 피해를 가장 많이 보며 지속 시간이 길어지면 회복이 어려움
- 토마토의 경우 고온에 대한 내성을 보면 꽃눈분화기 이전까지는 강한 내성을 지니고 있으나 감수분열기(개화 전 8~10일)에 가장 약해 35℃ 이상의 고온에 이르면 꽃가루와 배가 정상적으로 발달하지 못하고 개화가 되지 않아 수정에 어려움

<채소류의 생육 적온과 한계 온도>

| 구분 | | 최저 한계 온도(℃) | 생육 적온(℃) | 최고 한계 온도(℃) |
|---|---|---|---|---|
| 가짓과 | 토마토 | 5 | 20~25 | 35 |
| | 가지 | 10 | 23~28 | 35 |
| | 고추 | 12 | 25~30 | 35 |
| 박과 | 오이 | 8 | 23~28 | 35 |
| | 수박 | 10 | 23~28 | 35 |
| | 멜론 | 15 | 25~30 | 35 |
| | 참외 | 8 | 20~25 | 35 |
| | 호박 | 8 | 20~25 | 35 |
| 십자화과 | 무 | 8 | 15~20 | 25 |
| | 배추 | 5 | 13~18 | 23 |
| 장미과 | 딸기 | 3 | 18~23 | 30 |

○ 상대습도의 영향
 - 상대습도는 온도보다 중요성이 덜하지만 과습할 경우 병 발생이 증가하기 때문에 적당한 습도를 유지해야 품질을 높일 수 있음
 - 같은 기압에서 온도가 10℃일 때 상대습도가 100%이면 20℃일 경우 상대습도는 50%, 32℃일 경우 상대습도는 25%로 낮아짐
 - 시설 내 상대습도는 온도가 내려가는 야간에 높으며 일사량의 유입으로 온도가 올라가는 주간에는 낮음
 - 동절기 보온 위주의 재배는 과다한 보온자재 사용과 환기 불량으로 온도가 낮아지는 야간에 상대습도가 쉽게 포화 상태에 도달하게 되어 병 발생이 증가하고 수량 및 품질이 저하됨
  · 따라서 저온기에 보온 위주의 재배에서는 야간 상대습도를 적정 수준으로 낮추기가 쉽지 않지만, 환기, 멀칭, 토양수분 조절 및 가온 등으로 어느 정도 과습에 의한 피해를 감소시킬 수 있음

☐ 미세살수를 활용한 여름배추 지상부 고온스트레스 경감

(영농활용: 2024 국립원예특작과학원)

○ 배경
 - 여름배추 수급 불안으로 사회경제적 비용이 지속해서 발생
  · 기후변화·이상기상에 의한 여름배추 공급불안으로 식탁물가 상승

- 이상기상에 의한 수급불안으로 가격폭등 발생빈도가 늘어나고 있음
- 여름철 고온에도 배추의 안정적인 생산을 위한 해결방안 필요
- 호냉성 채소인 배추는 고온에 취약하기에 온도상승을 억제·조절하여 생산성을 유지할 수 있는 대응기술 개발 필요

○ 개발된 영농기술정보
- 미세살수 활용 여름배추 지상부 고온스트레스 경감
  - 미세살수의 기화열을 활용해 여름배추 지상부 온도 경감효과를 분석
  - 관행장비와 달리 주간에 관수해도 열해나 일소해를 받지 않았음
  - 20분 관수/10분 단수 처리가 상시관수와 5분 관수/25분 단수가 10분 관수/20분 단수, 15분 관수/15분 단수 처리와 유사한 고온경감 효과를 보임
  ☞ 수자원이 풍부할 경우 20분 관수/10분 단수, 부족할 경우 5분 관수/25분 단수
  - 지상부 온도가 30℃ 이상이 되면 미세살수로 고온스트레스 경감 필요

 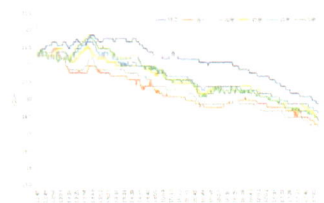

〈미세살수 안정성 평가〉  〈미세살수에 따른 온도차이〉  〈살수 시간에 따른 온도변화〉

○ 파급효과
- 지상부 온도조절을 통한 여름배추 고온스트레스 경감
- 미세살수 가동시간 조절을 통한 효율적인 고온경감 및 수자원 절약

## 2. 마늘

□ 수확 및 건조

○ 수확시기
 - 마늘 수확시기는 품종, 재배 형태 및 재배지역에 따라 다르나 잎이 1/2~2/3 정도 말랐을 때 수확함
   · 이때 구(球) 비대가 완료되는데, 일찍 수확하면 구 발달이 덜 되어 미숙 인편 및 잎의 수분 함량이 많아 부패하기 쉬움
   · 너무 늦게 수확하게 되면 줄기가 쉽게 끊어지며, 마늘통이 갈라지는 열구현상(裂球現象)이 나타나 상품성이 저하됨
 - 수확시기는 난지형은 5월 하순~6월 상순, 한지형은 6월 중하순임

○ 수확 방법
 - 마늘 수확은 날씨가 매우 중요하여 맑은 날을 택하고, 수확할 때 상처가 나지 않도록 주의하며 밭에서 2~3일간 말리는 것이 저장, 유통 중에 부패 미생물 증식을 억제하는 데 도움이 됨

<수확 후 건조>

 - 그리고 수확 작업 시 마늘 뿌리에 붙은 흙을 털기 위해 호미 등으로 마늘을 두드리는 수가 있는데 이는 마늘에 상처를 입혀 부패하기 쉬우므로 주의해야 함
 - 수확 후 밭에서 건조한 마늘은 줄기를 자른 다음 그물망 또는 플라스틱 상자에 담는데 최근에는 노동력 부족으로 기계수확이 늘어나면서 네트형 톤백을 사용하기도 함

<톤백 수확>

○ 건조(큐어링)
 - 마늘 건조 효과
   · 마늘 건조는 수확 시 받은 상처를 온·습도를 이용 치유하여 품질을 향상시키고, 저장유통 중에 부패를 방지하여 신선도 향상 및 저장기간 연장에 도움이 되는 매우 중요한 과정임

- 마늘을 건조하면 외피·화경(내부줄기)·인편의 수분 함량이 감소하는데, 일시에 대량 수확하여 모두 건조하기가 어려우면 일부 마늘만 건조하고 나머지는 저장한 다음 건조함
- 그러나 장기 저장을 위해서는 저장 전에 충분한 건조가 필요함

- 건조 특성
- 밭에서 바로 수확한 마늘은 품종에 따라 다르기는 하나 인편의 수분 함량이 약 70% 이상이 되는데 이를 바로 저장하게 되면 마늘의 부패 및 변질을 촉진시키게 됨
- 마늘 건조는 껍질 14%, 내부줄기 21%, 인편 65% 정도로 건조하는데, 수확시기가 장마기와 겹칠 수 있으므로 2~3주간의 자연건조보다는 건조장치를 사용하는 인공건조를 하는 것이 균일한 건조 및 기간을 단축시킬 수 있음
- 건조 정도는 인편을 분리했을 경우 마늘 내의 줄기부분이 습기 없이 마른 경우가 적합하며, 열풍건조 시 40℃ 이상으로 일정 시간 이상 처리하면 변질될 우려가 있음
- 그리고 마늘 건조는 품종에 따라서 차이가 큰데, 줄기가 단단한 마늘(hard neck 종류)은 건조가 비교적 오래 걸려 대서마늘에 비해 홍산 마늘은 내부줄기가 단단하여 건조에 시간이 걸림
- 남도마늘도 내부줄기가 다소 단단하지만, 내부줄기와 인편이 쉽게 벌어져 건조가 빠른 편임

- 건조 방법
- 수확 후 밭에서 건조한 마늘은 통풍이 잘되고 그늘지며, 비를 맞지 않는 곳 또는 건조시설로 옮겨 건조함
- 마늘 건조는 주대마늘을 유통할 경우 크기별로 구분하여 100개씩 묶거나 엮어 건조하기도 하나 최근에는 그물망 또는 플라스틱 상자에 담아 건조 장치를 활용하여 건조함

- 마늘 건조는 크게 자연건조와 인공건조로 구분하는데 자연건조는 통풍이 잘되는 곳에서 3~4주 이상 실시함
- 건조 과정에서 기상이 안 좋은 경우 건조가 오래 걸리고 부패할 수도 있어 가능한 건조시설을 이용하는 것이 좋음
- 인공건조 방법은 송풍식·흡입식·열풍건조방법 등으로 구분하는데, 열풍건조는 35~38℃에서 3~6일, 송풍식은 2~4주 소요됨
- 열풍식은 건조 기간은 짧지만 많은 양을 건조하기에는 어려울 수 있음
- 흡입식 건조시설을 활용한 건조 방법도 늘어나고 있는데 용도에 따라 건조 기간이 1~3주 소요됨

〈상자포장 차압식 건조〉　　〈그물망 포장 열풍건조〉

- 건조 주의사항
- 마늘 수확 후 밭에서 건조할 때에는 지나친 고온과 강한 햇빛은 피하는데 그동안 마늘 수확시기가 아주 높은 온도는 아니었지만 최근 6월 중에 고온일수가 늘고 있어 주의가 필요함
- 마늘 건조장소는 건조하고 통풍이 잘되는 곳으로 습하고 통풍이 안 되는 곳은 마늘 건조에 매우 취약함
- 마늘 저장에서 가장 중요한 요인은 수분으로 수확 당시의 마늘 수분 함량은 70% 이상인데 장기저장을 위해서는 수분 함량이 65% 정도가 되도록 건조시켜야 함
- 빠른 건조를 위하여 열풍건조기를 이용하여 건조할 때 40~50℃ 이상이면 인편이 상할 수 있으므로 적정온도를 반드시 지키도록 함

# ☐ 마늘 건조 방법별 건조 효율

(영농활용: 2023. 충청북도농업기술원)

○ 배경
 - 마늘 수확 후 관행 건조 시 인건비 및 건조 공간이 다량 요구되며, 건조 기간이 장마기와 겹침에 따라 다량의 마늘 부패가 발생함
 - 기존 건조기는 외부 온습도에 영향을 많이 받으며, 열풍을 통한 안정적인 건조 환경 조성이 필요

○ 개발된 영농기술정보
 - 건조기는 차압식의 원리를 적용하였으며, 후미에 2kw 열풍기를 장착
 - 열풍기는 외기대비 온도가 7.8℃ 높았으며, 습도는 28.6% 낮았음
 - 열풍 흡기식 건조장치의 건조 소요일수는 관행 대비 31% 수준이었으며, 부패율은 4.7% 수준이었음
   ※ 2023년 건조 중 잦은 비로 인하여 건조 소요일수가 2배 증가

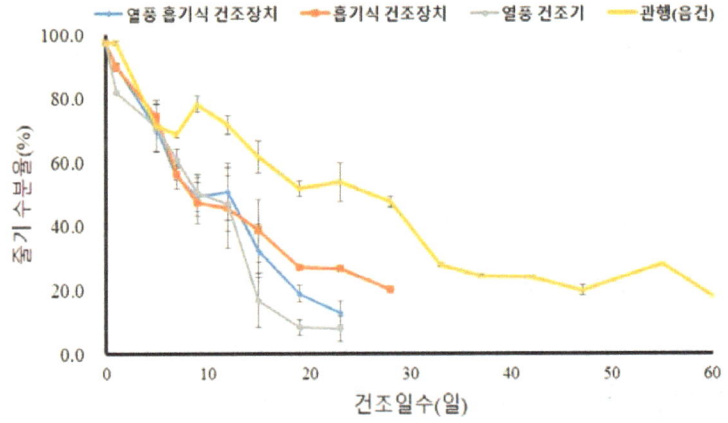

○ 파급효과
 - 차세대 열풍 건조기 개발로 잦은 강우 시 효율적인 건조를 통해 마늘 건조비 절감
 - 차세대 열풍 건조기 사용 시 6ton당 1,437,629원의 경제적 효과 발생

## ☐ 농촌진흥청 '무멀칭 마늘 재배 기술' 연구 박차

(보도자료: 2025.03.12. 농촌진흥청)

○ 농촌진흥청 국립원예특작과학원은 전남 무안지역 마늘 무멀칭 재배 농가를 찾아 작물 생육 상황을 살피고 관련 연구의 차질 없는 추진을 강조하였음

 - "농촌 노동력 문제를 해결하는 데 기계화 도입은 필수적이다."라며 "농촌진흥청은 이를 뒷받침할 무멀칭 등 재배 기술 연구와 정책 지원에 집중할 계획이다."라고 밝혔음

○ 마늘을 심은 뒤 비닐을 씌우지 않는 무멀칭 재배는 비닐 밖으로 싹이 나오게 유도하거나 수확할 때 비닐을 제거할 필요가 없어 노동력을 아낄 수 있고 기계화 재배에 유리함

○ 전남과 경남 등 일부 지자체 시군에서 논 토양재배를 중심으로 마늘 무멀칭 재배가 확대되고 있음

○ 다만, 무멀칭으로 생산하면 비닐을 씌우는 멀칭 재배보다 재해에 상대적으로 취약하고 수확량이 적을 수 있음

 - 이런 이유로 무멀칭 재배는 농작물 재해 보험에 아직 포함돼 있지 않아 이에 농촌진흥청은 무멀칭 재배에 맞는 파종 밀도와 양수분, 잡초 관리 기술을 개발해 생산성을 끌어올리는 연구를 진행 중임

 - 또한, 무멀칭 마늘이 농업재해보험에 포함될 수 있도록 유관기관과 표준 수확량 산정 연구를 추진할 계획임

# 3. 양파

## □ 수확 및 건조

○ 수확 적기 판정
- 수확기가 가까워지면 양파는 지상부 잎의 무게에 의하여 스스로 넘어지는 도복이 일어나는데, 이는 수확기 결정의 기준이 됨
- 수확시기는 중·만생종 양파의 경우 9월 이전 출하 시 거의 완전히 도복된 상태로 수확시기를 늦춰 수확량을 최대화하는 게 유리할 수 있지만, 장기저장 일 경우 지상부가 50~70% 정도 도복되어 잎 부위가 아직 푸른 상태를 유지하는 단계에서 수확
- 양파 도복은 같은 품종이라도 시비량, 재배방법, 외부 환경 조건 등에 따라 차이가 생김
- 또한 수확시기에 따라 양파 모양이 달라지는데 처음에는 구 높이가 구 지름에 비해 크나, 점차 도복이 진행됨에 따라 구 지름이 커지며 품종 고유의 모양을 갖추게 됨
  · 따라서 고구형의 양파를 너무 일찍 수확하게 되면 구 높이가 지름보다 큰 장구형의 모양이 되므로 유의해야 함

○ 수확 작업 및 건조
- 양파 수확은 날씨가 매우 중요하여 맑은 날을 택하는데 수확시기에 비가오거나 비 온 직후에는 주변 습도가 높아져 양파의 부패병균 생육에 적합한 환경이 되므로 수확 후 가능한 한 빨리 건조함
- 그리고 수확할 때 상처가 발생하면서 저장, 유통 중에 부패 미생물이 증식할 수 있어 신속한 건조는 매우 중요함
- 따라서 양파를 수확하여 밭에서 2~3일 건조하는 것은 상처를 치유하고 저장 중 부패를 줄이는 데 도움이 됨

〈포장 건조〉

- 밭에서 건조는 고온이거나 햇빛이 지나치게 강하지 않은 맑은 날씨라면 5~7일까지 건조할 수 있음
- 그러나 후작물 재배 및 기상 조건이 맞지 않아 밭에서 건조할 수 없을 때는 양파를 적합한 장소 또는 비가림 하우스로 옮겨 건조함

<수확 시 건조 정도에 따른 저장성(%)>

| 구분 | 무건조 | 노지건조 | | 하우스건조 | |
|---|---|---|---|---|---|
| | | 2일 | 3일 | 1일 | 2일 |
| 건전구율(%) | 78.1 | 82.5 | 88.4 | 83.5 | 85.8 |
| 건전구 지수 | 100 | 106 | 113 | 107 | 110 |

○ 줄기 절단
- 양파는 수확 중 물리적 상해를 받기 쉬우므로 줄기를 절단할 때 주의하도록 함
- 줄기 절단 시 절단 부위를 통한 수분 손실이나 병원균 침입 가능성이 크므로 신속하고 효과적인 건조로 줄기를 치유함으로써 구의 수분 감소나 부패 억제에 도움을 줌
· 줄기 절단 정도는 수확 후 바로 시장에 출하하는 경우 줄기를 1cm 내외로 짧게 절단하여도 되나, 저장 양파의 경우 줄기 절단 길이가 짧을수록 저장 중 부패 발생이 많아지므로 5~6cm 정도 남기고 잘라 수분 손실 및 외부 병원균의 침입을 억제함

<수확시기 및 줄기절단 방법>

| 구분 | 수확 시기 | 줄기 절단 방법 |
|---|---|---|
| 조기출하용 | 완전히 고사되었을 때 | 줄기부위 1~2cm 정도 남겨두고 절단 |
| 장기저장용 | 경엽이 도복하여 푸른색을 지닐 때 | 줄기부위 5~6cm 정도 남겨두고 절단 |

○ 담기(벌크 포장) 작업
- 건조하여 줄기를 자른 양파는 주로 20kg 그물망에 담는데, 일부 농가에서 자체 저장을 하는 경우 플라스틱 상자도 이용되나 최근 노동력 부족으로 기계수확이 늘어나면서 통기가 잘 되는 톤백을

사용하기도 하며, 저장에 사용되는 철제 빈에 수확한 밭에서 바로 담는 작업이 시도되고 있음
- 양파를 수확하여 운반 및 담기 작업을 할 때 양파가 상처받지 않도록 주의하는데 상처가 있으면 양파의 호흡이 증가되고, 손상된 표피 부위로 병원균이 침투되어 부패를 초래할 수 있음
- 특히 그물망에 담을 때 또는 톤백에 담을 때 압상을 받는 경우가 많으므로 무리하게 힘을 가하거나 충격이 크지 않도록 함
 · 양파를 톤백 포장하면 노동력은 그물망 대비 수확에서 상차, 하차까지 약 50% 감소하는 것으로 나타나 이용이 확대되고 있음
 · 그러나 지나치게 많은 양을 담으면 압상 등으로 인한 품질 변화에 크게 영향을 줄 수 있어 700~800kg보다는 500kg 내외 포장이 적합하며, 특히 조생종은 경도가 약해 지나치게 많이 담지 않도록 함

<그물망 포장 수확>

<톤백 수확>

○ 큐어링(건조)
- 큐어링(curing) 효과
 · 큐어링은 양파와 같은 지하부 작물을 수확한 다음 온·습도를 이용하여 표피 조직을 형성시킴으로써 수확 시 절단 부위나 상처 발생 부위를 치유하고, 동시에 표피를 건조함으로써 곰팡이나 박테리아 번식을 억제하여 저장성을 향상하는 매우 중요한 과정임
 · 따라서 큐어링 효과를 균일하게 얻어 상품성을 높이기 위해 수확 후 온풍 또는 송풍처리를 하여 양파 표피를 강제 건조 시키는 적극적인 건조 방법을 사용하고 있음
- 큐어링(curing) 방법

- 큐어링은 자연건조와 강제건조(큐어링)로 구분할 수 있는데 관행적인 자연 건조방식은 상온에서 나무, 팔레트 등을 바닥에 깔아 양파망을 적재한 후 비에 젖지 않도록 상단부를 비닐 또는 차광막으로 덮어주는 것임
- 그러나 이 경우 비가 올 때 수분 차단이 어려우므로 완전한 건조가 어려워 비가림 지붕이 있는 시설 내에서 실시함
- 기존 저온저장고를 이용해 큐어링 할 때는 선별된 양파를 빈에 적재하여 저장고에 입고 시킨 다음 이동식 제습장치 등을 이용함

## □ 양파 저장 개선을 위한 큐어링 처리 효과

(영농활용: 2022. 국립원예특작과학원)

○ 배경
 - 양파는 수확시기가 장마와 겹치는 경우가 많아 저장 전에 양파의 수분 조절을 위한 예건(큐어링) 작업이 필요함
 - 양파는 수확 후 예건의 작업이 노지 등에서 이루어지는 경우가 많은데, 저장 전에 큐어링 작업을 통해 저장성을 개선
○ 개발된 영농기술정보
 - 큐어링 방법의 개선을 통한 처리 일수 단축

〈차압큐어링〉   〈송풍큐어링〉   〈적재큐어링〉

- 차압큐어링: 차압기기를 이용하여, 풍속 조절 0.8~1.2m/sec, 온도는 32~35℃로 하여 3일간 처리
- 송풍큐어링: 상온에서 송풍팬으로 환기시키면서 20일간 처리
- 적재큐어링: 노지에서 차광망과 부직포를 덮어 45일간 자연조건에서 처리

○ 연구결과
  - 양파 큐어링 방법별 특성

〈차압큐어링〉    〈송풍큐어링〉    〈적재큐어링〉

  - 양파 큐어링 저장 방법별 생체중량 변화

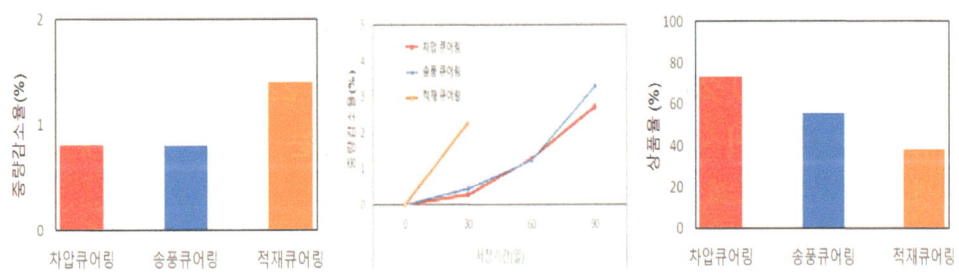

〈큐어링 후 중량 감소〉  〈큐어링 후 생체중량 감소〉  〈큐어링별 저장 후 상품율〉

⇒ 양파 저장 중 큐어링 방법에 따른 생체중량 감소 정도에 차이를 보여, 중량 감소 정도에 있어서, 실외에서 야적 후 처리한 적재 큐어링이 생체중량 변화가 높게 나타났으며, 차압과 송풍으로 큐어링 한 것은 별 차이를 보이지 못한 것으로 나타났으며, 상품율에 있어서는 차압큐어링>송풍큐어링>적재큐어링 순이었음

○ 파급효과
 - 기존 관행적인 적재 큐어링에 비해 차압 또는 송풍큐어링은 처리 작업 일수 단축
 ㆍ적재큐어링 45일, 송풍큐어링 20일, 차압큐어링 3일 소요
 - 적재큐어링에 비해 차압 또는 송풍 큐어링 생체중량 감소율이 적고, 상품율이 높아짐

## 4. 단호박

□ 특성 및 품종
  ○ 생리·생태적 특성
  - 원산지는 남미 고원지대의 서늘한 기후 지역으로 박과 작물 중 저온에서도 잘 생육하여 노지재배에서는 다른 과채류보다 일찍 정식하게 되는데 서리에는 약함
  - 또한 고온에서도 잘 견디나 한여름에는 고온에 의한 품질 저하, 바이러스병, 흰가루병 등의 발생이 심함
  - 일반적으로 저온신장성은 단호박이 강한 편이나 종자 발아는 최저 15℃, 최적온도는 25~28℃, 30℃ 이상이 되면 발아억제가 됨
  - 생육적온은 20~25℃ 정도이며, 평균기온이 22~23℃를 넘으면 탄수화물의 축적이 낮아지고, 35℃ 이상에서는 화아 발육에 이상이 생기며, 수정 최저온도는 10℃ 전후임
  - 토양 pH는 5.6~6.8 정도이며, 건조에 견디는 힘이 크고, 연작에도 잘 견디며, 토양은 크게 가리지 않고, 흡비력이 강하지만 비료 효과도 높고, 화산토양지대에서는 인산비료의 시용 효과가 큼
  ○ 주요 품종
  - 현재 우리나라에서 주로 재배되는 품종은 '에비스' 계통의 품종이 대부분을 차지하며 일본에서 도입되어 재배되고 있음
  - 품종 선택 시에는 각 품종의 고유 특성은 물론 유통·수출 등을 고려하여 소비자 기호도가 높은 품종을 선택하도록 함
  - 품종별 특성을 보면 '에비스'는 과중 1.7~1.9kg 정도로 편원형이며 과피는 농녹색에 담녹색의 무늬가 들어있음
   · 과육은 농황색으로 분질이며 식미가 양호하고 초세가 강하며, 저온신장성, 착과성, 과실의 비대성이 뛰어나 모든 작형에 적합하며 수량도 많고, 개화 후 45~50일 정도면 수확되는 품종임

- '아지헤이'는 과중 1.7~1.8kg의 편원형으로, 초세가 강하고 넝쿨 신장성이 좋고, 측지 발생이 적어 터널 및 노지 대면적 방임재배에 적합하며 개화 후 40~45일에 수확할 수 있음
- '홋고리 에비스'는 과중이 '에비스'보다 약간 작은 1.5~1.6kg이며, 전분 축적이 빠르고 약 40~45일 정도면 완숙되는 조생종임
· 전 작형 모두 적당하나 특히 하우스터널재배 등 조기 생산을 목표로 한 조숙재배 작형이나 장기 저장을 요구하는 작형에 적당함
- '미야꼬'는 측지 발생이 적은 생력 재배형으로 터널 또는 노지 밀식재배에 적합하고, 과중 1.0~1.2kg 편원형으로 과피는 흑색에 무늬가 있으며 식미가 뛰어남
· 조생종으로 파종시기는 2~6월, 개화 후 35~40일 정도면 수확 가능함
- '구리지망'은 과중 2kg 전후의 편원형, 농녹색 과피에 회녹색의 무늬가 있으며, 과육이 두껍고 농황색이며, 육질은 약간 점질성으로 식미가 우수하고 가공용으로도 적합함
· 수확 적기는 개화 후 50일 전후임

<단호박 주요 품종 특성>

| 품종 | 과중 | 수확적기(개화 후) | 비고 |
|---|---|---|---|
| 에비스 | 1.7~1.9kg | 45~50일 | 약조생, 각 작형 적합 |
| 아지헤이 | 1.7~1.8kg | 40~45일 | 조·중생, 터널, 노지방임 |
| 아지지망 | 1.7~1.8kg | 45~50일 | 하우스(11월 파종), 노지(4~5월 파종), 억제재배(8~9월 파종) |
| 미야꼬 | 1.0~1.2kg | 35~40일 | 조생종, 터널·노지 밀식재배 |
| 보우짱 | 500g | 40~50일 | 하우스(11월 파종), 노지(4~5월 파종), 억제재배(8~9월 파종) |
| 구리지망 | 2kg 전후 | 50일 전후 | 조·중생, 가공용으로도 적합 |

## 재배기술

○ 재배작형
- 주로 봄에 정식하여 여름철에 생산하는 작형이 주를 이루고 있으며 이는 이 시기 집중 출하로 인한 가격하락과 수출 시에도 제값을 받지 못하는 원인이 되고 있음
- 대부분이 노지재배이므로 그해 기상 조건에 따라 작황이 불안정하고 품질이 낮아지는 결과를 초래함
- 최근에는 제주에서의 비가림 입체재배에 의한 12월 및 5월 단경기 생산이 이루어지고 있으며, 제주 이외 지역에서도 비가림 및 덕 재배로 품질이 향상되고 있음

<단호박의 재배 작형>

| 작형 | 파종기 | 정식기 | 수확기 |
|---|---|---|---|
| 하우스, 터널조숙(난지) | 1~2월 | 2~3월 | 5~6월 |
| 하우스, 반촉성 터널 | 3~4월 | 4~5월 | 6~7월 |
| 노지 | 4월 | 5월 | 7~8월 |
| 억제(난지) | 7~8월 | 8~9월 | 11~12월 |

<하우스 조숙재배>   <노지재배>   <터널 조숙재배>

○ 파종 및 육묘
- 종자는 12cm 흑색 PE포트에 직파하거나 32공 플러그 트레이 또는 16공 연결 포트 등에 파종하며 파종 후에는 충분히 관수함
- 발아까지는 지온 25~28℃로 유지하는데 저온기에는 전열선 등을 이용하여 가온하고, 젖은 신문지나 부직포 등으로 피복해 주면 4~5일이면 발아됨
  · 발아 후에는 야간 온도 12~14℃로 낮춰 관리함

- 옮겨 심을 때는 파종상에 9×6cm 간격으로 점뿌림하여 본엽이 전개될 무렵 12cm 포트에 이식하고, 이식 후 2~3일은 야간 온도 16℃ 정도로 하여 활착을 촉진시킴
- 10a당 종자 소요량은 800주(300×40cm)/10a로 정식할 경우 1dL 5캔(1dL=200립) 정도가 소요됨
- 본엽 1.5~2장 정도 되면 야간온도를 10~13℃로 낮춰 암꽃분화를 촉진하고, 호박은 수분과 온도에 민감하므로 물은 시들지 않을 정도로 주는데, 가능한 오전 중에 주고 웃자람을 방지하기 위하여 야간에는 상토 표면에 수분이 남아있지 않도록 관리
- 본엽 3장 정도가 되면 잎과 잎이 겹치게 되므로 포트 간격을 넓혀 주고 광선이 잘 쪼이고 통풍이 잘되도록 함
- 육묘 일수는 35~40일 정도로 본엽 4장 전후의 묘를 목표로 관리함
- 정식 1주일 전부터는 최저 야온을 8℃ 정도로 낮춰 순화시키며 주지 적심 재배를 할 경우에는 정식 2~3일 전에 본엽 4장 정도에서 적심하고 액아 발생을 촉진시킴

〈정식 1주전 묘 순화〉

〈작형별 육묘 일수〉

| 구분 | 억제재배 | 촉성·노지재배 | 반촉성·조숙재배 |
|---|---|---|---|
| 육묘 일수 | 20일 | 30~40일 | 45일 |
| 본엽 전개엽수 | 25엽 | 4~5(16*) | 5.5엽 |

* 화아분화 마디 수

○ 포장 준비 및 정식
- 본포는 정식 15~20일 전까지는 밑거름을 시용하고 이랑을 만들며, 멀칭을 하여 지온을 확보하도록 함
- 시비량은 지력이나 전작물, 재식밀도, 품종 등에 따라 달라지는데 포장의 비옥도를 감안하여 시비하도록 함

- 대체로 총 시비량은 10a당 성분량으로 질소(N) 15kg, 인산(P) 18kg, 칼륨(K) 15kg 정도로 하고, 기비로서는 인산을 제외하고는 2/3를 시용하고 나머지는 추비로 시용함
· 단호박은 흡비력이 왕성한 작물이므로 비료를 너무 많이 주지 않도록 주의함
· 비료가 많게 되면 잎이 커지고 줄기도 두꺼워지는 등 영양생장형 생육이 되어 착과가 잘되지 않고 병 발생도 빠름
· 완숙퇴비는 10a당 2t 정도로 충분히 시용하고, 초기 생육은 1번과의 비대뿐 아니라, 2번과의 착과에도 영향을 미치므로 퇴비 등을 충분히 시용하여 뿌리 뻗음을 좋게 해야 함

<단호박 시비량>

(단위: kg/10a)

| 비료명 | 시비량(성분량) | 비료량 | 밑거름 | 추비 |
|---|---|---|---|---|
| 퇴비 | 3,000 | 3,000 | 3,000 | - |
| 질소(요소) | 15 | 32.6 | 21.7 | 10.9 |
| 인산(용인) | 18 | 90.0 | 90.0 | - |
| 칼리(염화가리) | 15 | 25.0 | 16.7 | 8.3 |
| 석회 | 100 | 100 | 100 | - |

- 재식거리는 이랑 폭 2.5~3m 정도 하는데, 2~3줄기 재배의 경우, 주간 50~90cm 정도로 10a당 400~800포기 전후로 정식하며, 1줄기 재배는 주간 60cm 정도로 하여 10a당 600주 정도를 기본으로 함
- 정식은 늦서리의 염려가 없고 정식포장의 지온이 15℃ 이상 된 후에 하도록 하고, 이보다 빨리 정식할 경우에는 비닐터널 등으로 지온이나 기온을 확보하지 않으면 안 되며, 무리한 조기 정식은 오히려 생육을 지연시키므로 주의함
· 정식은 맑은 날을 택하고 포트의 흙이 부스러지지 않도록 심는데 지온상승을 고려하여 가능한 한 오전 중에 마치도록 함
- 정식기를 전후해서 암꽃이 분화하므로, 정식 시 상처가 나거나 마를 경우 장래의 암꽃 착생에 영향을 주므로 주의함

- 정식 요령은 포트의 1/3 정도가 지면에 노출되도록 얕게 심도록 하며, 또한 포기 주위로 멀칭 내의 열풍이 나오지 않도록 흙으로 잘 덮도록 함
- 정식 후에는 비닐터널을 피복하고 밀폐하여 지온을 20℃ 이상 올려 초기 생육을 촉진시킴
- 활착된 이후에는 30~32℃ 이상 되지 않도록 관리하는데, 너무 장기간 고온에 처하면 1번과의 낙과는 물론, 이후의 과실비대에 나쁜 영향을 미치게 되므로 환기를 철저히 함
- 피복 비닐은 외기온이 높아짐에 따라서 서서히 벗기며 외기온 최저 11℃ 이상이 되면 완전히 제거함
- 또한 노지재배의 경우 잡초 발생 및 고온기 지온 상승 억제를 위해 멀칭을 하도록 함

○ 유인 및 열매솎기
- 하우스 조기재배에서는 아들덩굴 2줄기 재배, 터널이나 노지재배의 경우 아들 덩굴 3줄기 재배로 하며, 단기재배를 목표로 하는 억제재배에서는 어미덩굴 1줄기 재배를 기본으로 함
- 어느 정지방법에서나 암꽃의 충실과 착과를 촉진하기 위해 착과마디까지의 측지와 열매는 일찍 제거하고 나머지 측지는 초세에 따라 관리함
- 보통 10마디 전후에서 착과시키는데, 큰 과실을 목표로 할 경우에는 착과마디를 15~20 마디로 높게 착과시키고, 주간거리를 넓게 하고 시비량을 많게 하여 초세를 강하게 관리함
- 주지 1줄기 재배
 · 측지 발생이 적은 품종을 이용하여 조기 수확을 목표로 이용함
 · 일반적으로 단호박은 주지 착과가 좋으며, 터널 내에 2조식으로 엇갈리도록 심고, 어미 1본을 좌우로 유인한 후, 2번과 착과마디까지의 아들은 모두 제거하며, 그 후는 방임하여 재배

- 1줄기 2과 착과는 보통 7~8마디에서 발생하는 첫 열매는 일찍 제거해주고, 제 1번과를 10~12절에, 2번과를 18~22절에 착과시키고, 1번과 이전의 손자줄기는 일찍 제거하고 1번과와 2번과 사이의 손자 줄기는 세력을 보아 잎을 1~2장 남기고 제거해줌
- 어미덩굴 1줄기 재배에서는 12~15마디 전후에 1번과를 착과 시키며, 7~10마디를 더 키운 후 적심을 하고 착과마디 이전의 손자줄기는 일찍 제거하며 착과절 이후는 그대로 방임함
- 생육이 불량하거나 낮은 마디에서 착생 된 과실은 작고 변형과가 되기 쉬우므로 2번과의 착생을 확인한 후 적과함

- 측지재배
- 다수확을 위한 조숙 보통재배에 적합하며, 어미덩굴을 4~5마디에서 적심하고, 아들덩굴이 20cm 정도 자라면 생육이 좋은 아들덩굴 2~3줄기를 남겨 키움
- 아들덩굴에서 발생하는 손자줄기는 착과 마디까지는 제거하고, 그 이후는 방임함
- 줄기가 1m 정도 자라면 일소 및 병해충 방지를 위하여 짚깔기를 하며, 1번과의 착과 위치는 10마디 전후가 적당하고, 초세가 약할 때는 다소 착과 마디를 높임

- 주지 + 측지재배
- 어미줄기와, 어미줄기 4~6마디 이내의 아들줄기 1~2개를 남기고 유인함
- 이랑 중앙에 1조식으로 심고 어미줄기와 아들줄기를 각각 반대 방향으로 경사지게 유인함
- 어미덩굴과 아들덩굴 2줄기 재배에서는 어미덩굴의 4~6마디 사이에 아들덩굴 1줄기를 남기고 나머지 측지는 일찍 제거함
- 3~4 줄기 유인재배에서는 어미덩굴 + 아들덩굴 2~3줄기를 키움

〈주지(어미덩굴) 1줄기 재배〉  〈주지+측지재배(2줄기 재배)〉

- 열매솎기도 중요한 관리 작업이며 과실은 착과 후 20일경까지 급속히 비대하며, 이 시기에 80~85%의 비대가 완료됨
- 따라서 적과 시기가 늦어지면 남은 과실의 비대가 떨어지며 수량이 저하되기 때문에 적과는 개화 후 10일 전후에 실시하며 기형과나 비대 속도가 떨어지는 과실을 적과함
- 7마디 이하의 낮은 마디에서 착과되는 열매는 과실이 작거나 기형과가 되기 쉬우므로 일찍 솎아줌
- 인공수분
- 호박의 개화 적온은 10~12℃로, 9℃ 이하 35℃ 이상에서는 화기에 이상을 초래함
- 꿀벌 등의 방화곤충에 의한 자연수분으로 착과가 이루어지나, 기온이 낮고 방화곤충의 활동이 둔한 시기에는 확실하게 착과시키기 위해서는 인공수분을 함

〈인공수분 모습〉

- 특히 1번과의 착과 시기에는 방화곤충이 없으므로 인공수분을 하도록 하고, 꽃가루는 기온상승과 함께 수정 능력이 급격히 저하되므로, 아침 8시경까지는 끝마치도록 하며, 1개의 수술로 3~4개의 암꽃에 교배시킴
- 인공수분을 할 때 1번과의 착과 위치는 초세에 따라 다르나 보통 8~10번째 마디로 함

- 또한 착과일을 확인하기 위하여 교배 날짜를 표시해 두면 수확기 판정에 도움이 됨
- 저온기의 생장조정제 등의 처리는 기형과를 발생시키므로 주의
- 아들덩굴 재배에서의 1번과의 착과는 특히 중요하므로 확실하게 착과시키도록 함

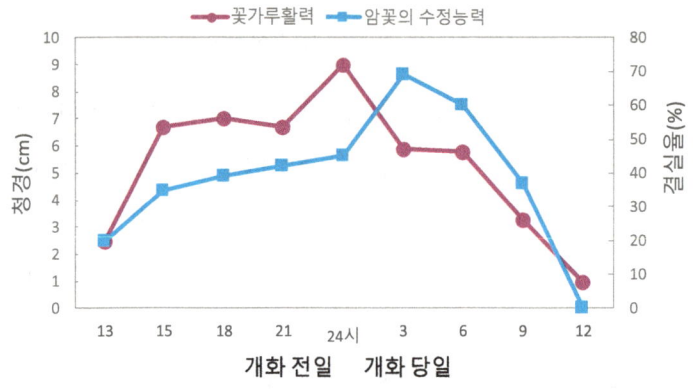

〈꽃가루 활력 및 암꽃의 수정능력〉

- 적정 엽수 확보
- 과실 비대는 건전한 잎의 수에 따라 결정되며, 즉 과실 크기는 전체 잎의 영향을 크게 받기 때문에 적정 엽면적을 확보하는 것이 중요함
- 단호박 100g을 비대 시키기 위해서는 엽면적 약 940㎠ 정도가 필요하며, 2kg의 과실을 목표로 한다면 엽폭 38cm 크기의 잎이 16장 정도가 확보되어야 하므로 수량과 품질을 높이기 위해서는 건전한 잎이 잘 자라도록 함
- 추비
- 줄기와 잎의 부담이 가장 커지는 시기는 교배 후 20일간 즉 과실 비대 최성기임
- 과실비대와 함께 초세를 유지시키고 생육 후반기까지 줄기와 잎이 쇠약해지지 않도록 추비를 3~4회 시용함

- 1회 추비는 1번 꽃 개화 전, 2회 추비는 1번과 비대기(착과 후 20~25일), 3회 추비는 1번과 수확 전에 줌
- 4회째 이후는 초세에 따라 실시하되 초세가 강하면 추비횟수를 줄이고, 추비량은 1회당 질소(N)와 칼륨(K)을 성분량으로 10a당 3kg 정도로 하며 추비 위치는 덩굴 끝 부분에 주도록 함
- 추비시기를 전후해 비정상과나 낮은 마디에 착과된 과실은 열매 솎기를 하여 남은 과실의 비대를 촉진

- 기타 관리
- 착과기의 생육 판단으로서는 덩굴 끝으로부터 암꽃 개화위치가 50~65cm 정도면 적당하나 이보다 짧으면 초세가 약한 편이고, 반대로 70cm 이상 되면 초세가 강한 것으로 판단하여 관리함
- 포장의 수분관리는 너무 과습하면 병 발생과 초세가 무성해져 착과율이 떨어지고, 과 비대 후기에 토양이 과습하면 과일의 당도가 떨어지므로 착과 후부터는 약간 건조한 상태로 수분관리를 하며 한발이 지속되면 점적관수 등으로 일정 수분을 유지시켜 줌
- 시설 단호박 재배에서 관수 개시점을 -30kPa로 관리하면 고당도의 단호박을 수확할 수 있음
- 착과 후 한 달 후에 반투명의 호박 받침대를 깔아주고, 수확 2주일 전쯤에 과실 돌리기를 하면 과실의 미착색 부위를 줄일 수 있음
- 받침대를 받치는 시기가 너무 이르면 과실 무게가 적어 안정감이 없고, 반대로 너무 늦으면 줄기와 잎에 의한 상처가 많고 과실이 덩굴로부터 떨어지기 쉬움
- 일소 방지대책으로는 줄기 유인 시 큰 잎에 과실이 가려지도록 하며 직사광선이 닿는 과실은 볏짚 등으로 가려 주도록 함

## 5. 얼갈이배추

☐ 재배환경

○ 온도·광 적응성
- 서늘한 기후를 좋아하는 채소로 생육 적온은 생육기가 18~20℃, 결구기는 15~18℃이고 잎이 자라는 최저온도는 4~5℃ 임
- 대체로 파종 후 30~40일 정도에 수확할 수 있음
- 내한성은 비교적 강하며 4-5℃에서는 생육정지, -8℃ 부근에서 동해를 받지만 갑자기 저온에 노출될 때는 -3~-4℃에서도 피해를 받음
- 광보상점은 1.5~2.0만lux, 광포화점은 4-5만lux로 비교적 약한 일광에서도 잘 자라나, 광 부족 시 발육이 늦어지므로 겨울 시설재배 시 광을 많이 받도록 관리하고 장일조건에서 꽃대 발생이 촉진됨

○ 수분적응성
- 물을 가장 많이 요구하는 시기는 씨 뿌린 후 30일 내외로 재배 초기인 8-9월이 건조할 경우가 많으므로 물주기를 할 수 있도록 준비해야 함

○ 토양적응성
- 물빠짐이 나쁘면 뿌리썩음병이 발생하므로 모래 섞인 사질양토가 좋으며 토양산도는 pH 5.5~6.8 정도가 좋고, 산성토양에서는 석회 결핍증과 무사마귀병 발생이 심함

☐ 재배기술

○ 얼갈이재배는 반결구품종을 이용하여 이른 봄이나 여름철의 단경기에 날김치용으로 생산하는 것이 대부분이지만 비닐이 이용되면서 반촉성재배, 고랭지 여름재배 등 연중재배가 가능하게 되었음

- 파종 및 육묘
· 가을 파종재배의 경우에 결구적온인 평균기온이 15℃ 되는 때부터 33일 전에 파종하는 것이 좋음(8월 25일경)
- 거름주기
· 초기생육이 촉진되어야 수량이 많으므로 밑거름을 잘 주고 웃거름은 15일 간격으로 2~3회 정도 물과 함께 주거나 김매기와 함께 주면 됨
- 봄재배 시 주의사항
· 온상에서 육묘하더라도 육묘 온도를 15℃ 이상으로 유지해야 하고 아주심기 후에도 터널 내 온도가 10℃ 이상이 되도록 해야 꽃눈분화 및 꽃대가 서지 않게 됨
· 배추는 종자춘화형 식물로 5℃에서 1주간 또는 13℃ 이하에서 10여일이 지나면 꽃눈분화가 일어나고 그 후 따뜻해지고 햇빛이 길어지면 새잎이 나오지 않고 꽃대가 서게 되어 결구가 되지 않기 때문임
· 꽃대 발생이 늦은 품종을 선택하고 육묘기간을 연장해 주고 육묘상에서의 온도를 최소한 10℃ 이상으로 유지함

# 6. 갓

□ 재배특성

○ 형태적 특성

- 갓은 배추과에 속하는 1년 또는 2년생 초본으로 배추와 비슷한 형태로 일반적으로 입성이며 잎 수는 8~9매로 비교적 적음
- 잎이 넓고 크며 톡 쏘는 매운맛(글리코시노레이트)이 적고 섬유질이 거의 없어 부드럽고 잎과 줄기에 가시(잔털)가 없으며 재래종 갓은 적갈색을 나타내며 돌산 갓은 연녹색으로 잎살이 많고 잎면에 약간의 주름이 있고 잎줄기는 넓고 두꺼우면서도 독특한 향이 있음
- 잎갓은 잎몸과 잎자루가 가늘고 털이 많으며 겨자보다는 잎이 더 무성한 편이며, 꽃의 형태는 배추와 같으며 종자의 천립중은 1~2.5g 정도임

○ 생리 생태적 특징

- 온도와 일장 적응성

· 갓 종자는 휴면이 없으며, 발아온도는 최저 6℃, 최적 25℃, 최고 35℃로 고온 다습에는 잘 견디나 내한성은 약하여 겨울에 따뜻한 남부 해안지방 외는 월동이 불가능함

· 재래종 갓보다 돌산 갓이 저온에 약간 약한 편이나 화아분화 및 장다리 발생은 온도보다는 일조시간에 크게 영향을 받으므로 겨울을 넘긴 후 햇빛이 길어지는 조건에서 꽃대가 빨리 올라오게 됨

· 따라서 가을 파종보다는 봄 파종 시 꽃대가 빨리 올라오게 되고, 생육 중 봄 가뭄 피해를 받으면 품질이 떨어질 수도 있음

· 저온 조건에 처하지 않고도 햇빛이 길어지면 추대되는 점이 다른 배추과 채소와 약간 다른 점임

- 수분 및 토양적응성
· 유기질이 풍부하고, 보수력이 좋은 곳에서 잘 자라므로 물을 줄 수 있는 조건이 갖추어진 곳에서 품질 좋은 갓을 많이 수확할 수 있으며, 갓은 벼농사 후작으로도 재배가 가능함
· 다른 십자화과 작물에 비해 산성에 약하고, 겨울을 나는 시기에 땅이 가물게 되면 추위에 견디는 힘이 더욱 약해져 동해를 받게 됨
· 토양 산도는 pH5.5~6.8(중성)이 재배에 적합하므로 토양 개량을 위해 고토석회를 10a당 200~250kg을 2~3년마다 넣어줌

□ 재배기술

○ 재배작형
- 생육기간이 40~60일 정도이므로 1년에 3~5회를 재배할 수 있으며 여름철 망사 피복재배 및 겨울철 시설재배로 단경기에 출하가 가능
- 봄재배는 4월에 파종하여 6월 상순에 수확하게 되는데, 제때에 물을 충분히 주어야 함
· 이때에는 햇빛이 길어지는 시기이므로 수확기가 늦어지면 꽃대가 올라와 상품성이 없어지게 되므로 이점에 특별히 주의함
· 자연조건에서 자라는 시기이므로 판매가격이 그다지 높지 않은 시기임
- 여름재배는 6월 하순에 파종하여 8월 상순에 수확하거나 8월 상중순 파종하여 추석 직전에 수확하는 경우를 말하는데, 이때는 장마를 대비한 비가림이나 배수구 정비 등에 최선을 다하여야 함
· 자연조건에서 재배하기 곤란한 시기이므로 매년 최고의 소득을 올리는 예도 있음
- 가을재배는 8월 하순에서 9월 상순에 파종하여 10월 중순부터 김장철까지 수확하는 작형이며 갓이 가장 잘 자라는 조건을 갖춘 시기로 품질이 좋고 수량도 높음

- 겨울재배(시설재배)는 11월 하순에 파종하여 이듬해 2월부터 수확하는 작형인데 저온기인 관계로 생육이 더디므로 보온에 유의
  · 연중 생산할 수 있는 작부체계를 세우거나 앞 뒷그루 작물과의 작부체계를 잘 세우면 고소득 갓 재배를 할 수 있음
○ 재배방법
- 파종
  · 갓 종자는 10a당 5~6dL(3홉) 정도가 필요하고, 비옥하고 관·배수가 양호한 포장에 논이나 밭에 퇴비와 밑거름용 복합비료, 소석회 등을 고루 뿌리고 밭갈이를 한 후 두둑을 만들고 4줄로 골을 낸 후 파종함
  · 뿌리는 방법에는 흩어뿌림과 줄뿌림이 있으나 120cm 두둑 위에 양쪽 가장자리에 15cm씩 남기고 30cm 간격으로 4줄의 골을 내어 줄뿌림하는 것이 생육 상태가 고르고 관리 작업이 편리함
  · 파종 후에는 얕게 복토하고 충분히 물을 준 다음 배추좀나방 등 해충의 피해를 막고, 청정재배를 위해서 망사를 씌움
  · 발아 후 잎이 2~3매 될 때 솎음 및 제초작업을 시행하고 포기 사이를 9~12cm 정도로 약간 배게 하는 것이 품질과 수량성이 좋으므로 약간 밀식재배를 함
- 거름주기
  · 갓은 유기질 비료를 충분히 주고 다비재배할수록 품질이 좋고, 3요소 균형 시비가 중요함
  · 퇴비는 300평당 2,000kg 정도, 밑거름은 요소 38kg, 용과린 40kg, 염화가리 20kg, 석회 150kg, 붕사 1kg을 시용하되 밑거름은 최소한 파종 14일 전에 전면에 고루 뿌리고 밭갈이를 함
  · 웃거름은 질소를 전량의 20~30%를 파종 후 20일경에 웃거름으로 1회 시비하며 웃거름 시용시기에 토양이 건조하면 요소 0.2~0.5%(물 1말당 40~100g)액을 물비료로 시용함

- 연작하는 곳일수록 복합비료보다는 퇴비를 많이 주어 연작장해를 줄이도록 함
- 수분관리
- 다른 작물에 비해 물을 많이 요구하는 경향이 있으므로 물주기가 쉬운 조건을 갖추고 있어야 함
- 웃거름을 준 후에는 반드시 물을 주어야 하는데 분사호스, 점적호스, 스프링클러 등을 사용하면 일손과 물주는 양을 절약할 수 있게 됨
- 봄재배 시 봄 가뭄 때문에 토양이 건조한 포장일수록 미량요소의 결핍 현상이 발생할 수가 있음
- 특히 가뭄 피해를 보게 되면 색깔이 자색을 띠고 잎이 거칠어지며 매운맛이 생기는 등 품질이 떨어짐
- 수확
- 파종 후 40~60일 정도 지나고 키가 50cm 내외일 때 수확을 하며 수확 10일 전 흐린 날을 택하여 피복했던 망사를 벗기고 굳히기 한 다음 많이 자란 것부터 순차적으로 솎아 묶어서 출하함
- 수확할 때는 아랫잎과 병에 걸린 잎 또는 벌레가 먹은 잎을 제거한 다음 1단에 2kg 단위로 묶어 출하함

# Ⅱ. 과 수

# 1. 사 과

☐ 열매솎기(적과)
  ○ 열매솎기는 과실 크기를 증가시키고 열매 모양, 착색 및 맛을 좋게 하며 수확시기를 고르게 할 뿐만 아니라 해거리도 방지하면서 나무 모양을 유지해 안정생산에 도움을 줌
  ○ 적과 순서
    - 1차 적과: 중심과를 두고 측과 제거 및 거리 적과
    - 2차 적과: 나무 전체 엽수에 대한 착과 수 기준 적과
    - 3차 적과: 상품화 및 수량을 전제한 엽과비 기준 정밀 적과
  ○ 적과기준 및 요령
    - 개화기에 상습적으로 영하 온도로 내려가는 지역의 사과원에서는 과경이 짧거나 중심화가 고사하는 예도 있음
    - 개화기 저온 상습지에서는 적화 시기를 늦추거나 측화를 1~2개 정도 남겨 착과가 확인된 후에 적과 해야 함
    - 적과는 개화 후 2주부터 시작하여 개화 후 5주까지가 적기인데 늦어도 유과 세포분열이 끝나기 전에 마치도록 함
    - 적과 정도는 1과당 잎수 기준으로 할 때 과실이 작은 품종은 30~40엽당 1개, 과실이 큰 품종은 50~70엽당 1과를 기준으로 하되, 과실간 간격, 가지 당 과실 수, 목표 수량 등을 고려하여 실시함
    - 열매솎기할 때 남기는 과실은 액화아보다 정화아에서 결실된 과실이 좋은 품질의 과실이 됨
    - 또한 과실 형태 중 경와부가 편형한 과실이 원형인 과실보다 품질이 좋으므로 이런 과실을 남겨 두며, 병해충 피해가 있거나 기형과 등은 조기에 제거하는 것이 좋음
    - 가위를 이용해 열매솎기할 때 꼭지 위 부위까지 자르지 않으면 남겨진 과실이 꼭지에 의해 상처를 받을 수 있으므로 위 부위까지 바짝 잘라야 함

- 과실이 크고 과경이 굵고 길며 정형과(장원형과) 형태를 가진 과실을 남기지만, 중심과 꼭지 길이가 짧으면 변형과가 되거나 강한 바람이 불면 낙과 원인이 되므로 열매꼭지에 길이가 긴 과일을 남김
- 결과지의 세력이 약하거나 늘어진 가지는 과실품질이 나쁘므로 가능한 착과량을 적게 함
- 병해충 피해나 상처를 입은 과실, 나무발육에 지장을 주는 가지 끝에 매달린 과실, 기형과는 제거함
- 액아(곁눈의 일종)는 정아(줄기나 가지 끝에 생긴 눈)가 충분하다면 솎아 줌

□ 토양수분 관리
○ 5월 하순 이후부터는 과실비대, 신초생장, 꽃눈분화 등의 생리 작용이 활발하게 일어나는 시기이므로 관수를 철저히 함
- 관수간격이나 관수량은 자동관수 장치를 갖춘 경우를 제외하고는 토양 종류, 강우량 등을 고려해서 결정하는데, 일단 관수를 시작한 후에는 계속해서 관수를 해야 함

<과수원 토성별 1회 관수량 및 관수간격>

| 토양 | 관수량(mm) | 관수간격(일) |
|---|---|---|
| 사질토 | 20 | 4 |
| 양 토 | 30 | 5 |
| 점질토 | 35 | 7 |

○ 사과원에서 개화기~장마 전 물관리 영향
- 물주기는 수분, 수정 및 착과에 밀접한 관계가 있음
- 봄철 토양수분 함량은 비료 효과에 영향을 줌
- 사과 세포 수는 4~6월 어린 과일 때 결정되며, 생육 중기부터는 세포 지름이 커짐

- 과다 관수는 과수 생육에 영향을 미칠 수 있으니 생육시기에 맞게 적정량 관수

○ 관수 요령
- 관수는 한 번에 지속해서 주는 것보다 1~2시간 관수하고 일정 시간 멈추었다가 다시 관수하는 방법이 유리함
- 사질토양에서는 지속적인 관수 시 토양 아래로 수직적 배수가 되므로 관수 간격을 나누어 여러 번 관수하는 것이 효율적임
- 물주는 방법은 어떤 한 가지 방법이 모든 과수원에 절대적으로 좋은 것은 아니며, 토성과 지형적인 조건에 따라 또는 수원(水源)의 양과 수질에 따라 다르게 선택될 수밖에 없음
- 과수원의 여건인 지형과 토성, 수원의 확보 상태와 농가의 규모 및 기술 상태 등에 따라 다름

○ 토양수분 감지 센서를 이용한 관수
- 토양수분 센서를 이용할 때는 원하는 토양수분 장력에 맞추면 되기 때문에 가장 과학적인 방법이라고 할 수 있음
- 일반적으로 과수원의 적당한 관수 개시점의 토양수분 장력은 -30~-40kPa 임
- 토양수분 센서로는 텐시오미터와 TDR 측정기를 이용하여 조절하는 방법이 실용화되어 있음

□ 웃거름(追肥) 주기
○ 웃거름은 생육기간 중 비료 성분을 보충해 주어 신초생장, 꽃눈 분화, 과실 비대 등을 돕기 위해 주는 거름임
- 7월 상순 이후부터 질소, 칼리 흡수량이 급속도로 증가하므로 이때 부족하지 않게 5월 하순 무렵에 질소 20%와 칼리 40%를 웃거름으로 줌

- 시비량은 토양검정에 의하여 결정하여야 합리적이지만 토양검정이 어려운 농가에서는 연간 표준 시비량을 기준으로 하여 밑거름 시에 사용한 퇴비 등 유기물에 들어 있는 비료성분량과 생육 정도 등을 고려하여 가감함
- 세력이 강하거나 결실량이 적고 웃자란 가지 발생이 많은 나무는 시비량을 줄이거나 생략함
- 질소를 웃거름으로 과량 시용하거나 속효성이 아닌 비료를 과량 시용하면 신초 생장이 늦게까지 계속되어 꽃눈분화가 불량해지고 병해충에 대한 저항성도 약해지며, 과실 착색이 불량해지고 저장성도 약해지므로 주의해야 함
- 토양에 시용한 비료가 강우에 유실되거나 토양반응이 알칼리 또는 강산성이거나 병해충으로 인하여 뿌리가 정상적인 영양흡수 기능을 하지 못하면 응급조치로 엽면시비를 함

□ **병해충 방제**
- ○ 꽃이 진 후 5월 상·중순경 병 방제는 붉은별무늬병, 곰팡이병, 점무늬낙엽병, 그을음점무늬병의 감염 위험이 있고, 탄저병 방제를 위한 전문 약제를 살포함
- 5월 하순 이후 장마가 되면 탄저병과 겹무늬썩음병 감염이 증가하는 시기이므로 병 방제를 철저히 함
- ○ 해충은 5월 상순에는 복숭아순나방 제1세대가 신초나 어린과실에 피해를 주는 시기이므로 중점적으로 방제하여야 함
- 사과응애 월동밀도가 높았던 사과원은 두 해충으로 동시 방제하는 약제를 살포함
- 사과응애가 문제 되지 않은 사과원은 복숭아순나방 전문약제를 살포하도록 함
- 5월 하순 이후는 사과나무 새가지 생장이 많아 조팝나무진딧물 방제가 필요하며 기온이 올라가면 응애류를 중점적으로 방제하도록 함

## ☐ 노지 과일 피해 주는 탄저병, 미리 관리하세요

(보도자료: 2024.05.07. 농촌진흥청)

○ 농촌진흥청은 탄저병을 유발하는 병원균이 1년 내내 과수원이나 주변에 잠복해 있다가 작물에 침입할 수 있는 환경이 조성되면 바로 병을 일으킨다며, 철저한 초기 방제를 당부했음
○ 탄저병은 빗물이나 바람을 타고 번지고, 사과, 복숭아 등 과일에 주로 발생함
 - 탄저병에 걸린 과일 표면에는 탄저 반점이 생겨 상품성이 크게 떨어짐
○ 과일나무의 꽃 피는 시기가 빨라지면 생물계절의 변화는 병원균 침입에도 영향을 주므로, 초기 방제 시기를 앞당겨야 약제 살포 효과를 볼 수 있음
○ 농가에서는 과수원 내외부의 병든 잔재물을 철저히 제거해 병원체 밀도를 최대한 낮춰야 함
 - 가지치기할 때 감염된 가지는 제거하고 과수원 바닥에 병 감염 우려가 있는 잔재물도 깨끗이 치움
 - 병 발생 전이라도 예방 차원에서 방제약을 뿌려줌
 ・약제는 열매가 달린 후 비가 오기 전 주되, 효과를 높이려면 계통이 다른 약제를 교차로 사용함
○ 아울러 과수원 주변에 병원균이 머물 수 있는 아카시나무, 호두나무 등 기주식물*을 제거함
 - 만약 제거하기가 어려우면 과일나무에 약을 뿌릴 때 이들 식물도 함께 방제함
  * 기주식물은 병원체가 감염 또는 기생하며 잠복할 수 있는 식물
○ 과일나무별 탄저병 방제약 정보는 농약안전정보시스템(www.psis.rda.go.kr)에서 확인할 수 있음

○ 농촌진흥청은 "겨울부터 봄까지 평균기온이 높고 비가 잦을 경우 노지 과수원과 주변의 탄저병균 밀도가 높게 발현될 수 있다."라며 "과수별 생물계절 변화에 맞게 제때 방제함으로써 탄저병 피해를 최소화해야 한다."라고 전했음

### 과종별 발아기와 만개기 비교

| | 발아기(월.일.) | | | | | | 만개기(월.일.) | | | | | |
|---|---|---|---|---|---|---|---|---|---|---|---|---|
| | '19년 | '20년 | '21년 | '22년 | '23년 | '24년 | '19년 | '20년 | '21년 | '22년 | '23년 | '24년 |
| 사 과 (홍로) | 3.20. | 3.17. | 3.11. | 3.16. | 3.13. | 3.11. | 4.22. | 4.22. | 4.10. | 4.18. | 4.10. | 4.13. |
| 배 (신고) | 3.19. | 3.16. | 3.11. | 3.17. | 3.14. | 3.13. | 4.17. | 4.13. | 4.05. | 4.11. | 4.03. | 4.06. |
| 복숭아 (천중도) | 3.19. | 3.14. | 3.13. | 3.14. | 3.13. | 3.08. | 4.17. | 4.12. | 4.04. | 4.11. | 4.04. | 4.06. |

※ 기온이 평년보다 높아서 식물체 발아기(싹 트는 시기), 만개기(꽃이 활짝 핀 시기)가 10일 정도 빨라졌음. 이런 상황에서는 병원체 초기 감염도 빨라지므로 과실 착과 후, 예방 약제 살포 시기도 빨라져야 함

### 사과 탄저병과 복숭아 탄저병 증상

〈사과 탄저병〉　　　　　〈복숭아 탄저병〉

## 2. 배

□ 열매솎기(적과)

○ 나무 세력에 맞추어 착과수를 조절함으로써 과실의 크기 증대와 모양을 향상하며 품질이 균일한 과실을 생산하고, 해마다 안정적인 고품질 과실을 생산하는 데 목적이 있음
  - 정상적으로 관리되는 성목원은 일반적으로 총 개화량의 5~8% 정도 착과되어도 충분한 결실량을 확보할 수 있음
  - 적과가 늦어지면 저장양분이 과다하게 소모되어 과실의 비대가 불량해지며 가지 발생과 생장이 불량해지고 꽃눈 소질이 나빠져 다음 해 과실 생산에도 나쁜 영향을 미치게 됨

○ 적과 시기
  - 생리적 낙과가 지난 다음 착과가 안정된 후 가급적 빨리 실시하여 양분 소모를 적게 하며 2~3회 나누어 하는 것이 효과적임
  - 어린 과실은 수정 후 2주일 정도 지나야 결실 유무가 판정되므로 적과 시기는 수령, 지역, 품종 등에 따라 다름
    · 일반적으로 1차 적과는 꽃이 떨어진 다음 1주일 후에 하고, 2차 적과는 1차 적과 후 7~10일 사이나 봉지씌우기와 함께 실시함
  - 과실 비대는 세포수와 세포크기에 의해 결정되며 과실 세포수가 결정되는 시기는 개화 후부터 1개월 전후이므로 가능한 일찍 적과하는 것이 남긴 과실의 세포분열을 촉진함
    · 주요 품종별 세포분열 정지기는 조생종은 만개 후 25일, 중생종은 30일, 만생종은 45일경임
  - 적과 후 봉지를 씌워야 하는 품종은 1차 적과와 동시에 본 적과를 실시하고, 조생종 계통은 되도록 일찍 적과하여야 과실 세포분열을 촉진할 수 있으므로 조생종, 중생종, 만생종의 순으로 실시함

○ 적과 방법
 - 어린 과실 때 모양이 좋고 과실이 크고, 열매꼭지가 길며 굵은 과실이 수확기에 좋은 과실이 될 소질이 높음
 - 액화아보다 정화아와 4~5년생 가지에 결실된 과실의 품질이 좋음
 - 일찍이 분화한 화아를 친화(親花), 늦게 분화한 화아를 자화(子花)라 하며, 자화는 친화보다 개화가 늦고 과실 발육도 좋으나, 과실 모양이 불량하고 당도가 낮아 품질이 떨어지므로 제거함
 - 남길 과실과 적과대상 과실
  · 병에 이병되었거나 해충 피해과실과 수정이 잘되지 않아 모양이 고르지 못하거나 작업 중이나 기타 손상으로 상처받은 것은 적과 하는 것이 바람직함
  · 아래쪽 1~2번 과실, 작은 과실, 유체과, 기형과 등 과총 중 착엽 수가 적은 것, 과총 방향이 밑으로 되거나 직립된 것은 제거함
  · 가지 발육에 지장을 주는 어린나무의 주지와 부주지 끝부분에 달려 있는 과실을 제거함

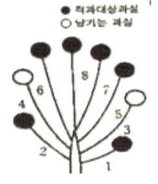  

〈열매솎기 과실과 남기는 과실〉

  · 남겨 둘 과실은 옆으로 비스듬히 붙은 과총에 달린 과실, 과실 모양이 한쪽으로 치우치지 않고 장원형임
  · '감천', '신고' 등 수세가 다소 강한 품종은 3~4번과, '황금', '풍수' 등 세력이 다소 약한 품종은 2~3번과가 좋음
  · 엽과비를 기준으로 할 때 정상적인 관리가 이루어지고 있는 성목원의 경우는 소과 품종은 1과당 25~30엽, 중과는 30~40엽, 대과는 50~60엽임

- '신고'의 경우 500~550g 중·소과실을 생산하기 위해서는 1과당 30~40cm가 확보되어야 함

<1과당 엽수별 과실 품질(품종: 신고)>

| 1과당 엽수 | 평균열매무게 (g) | 판매단위 (과/15kg) | 당도 (°Bx) | 수량 (kg/주) |
|---|---|---|---|---|
| 10 | 480 | 31 | 11.7 | 138.2 |
| 20 | 496 | 30 | 11.8 | 110.8 |
| 30 | 557 | 27 | 12.5 | 85.4 |
| 40 | 574 | 26 | 12.3 | 65.4 |

- 과총 방향이 밑으로 된 것은 과실이 작고, 상향으로 직립된 과경이 구부러지기 쉬우므로 적과하고 횡으로 붙은 것을 남김
- 과총 중에 엽이 없거나 한두 개 정도인 것도 과실 비대가 불량하므로 제거하는 것이 좋음

## 웃거름 주기

○ 웃거름은 5월 하순 무렵에 꽃눈분화 촉진과 과실비대를 목적으로 부족한 비료를 보충해 주는 비료임
- 질소와 칼륨 성분을 중심으로 성목은 10a당 질소는 연간 시비량의 10~20%인 요소 5~10kg 또는 유안 11~22kg, 칼륨은 40~50%인 염화칼리 13~16kg을 기준으로 주며 전용복비를 주어도 좋음
- 질소는 수체생육과 과실 비대에 꼭 필요하지만, 질소비료를 한 번에 많이 주거나 토양에 많이 남아 있으면 신초신장이 늦어지고 과형이 불량해지거나 과실품질(색택, 당도)이 떨어짐
- 질소와 칼륨은 되도록 조금씩 나누어 주는 것이 좋으며, 특히 사질토양이나 경사지에는 나누어주기 횟수가 많을수록 효과적임
- 시기는 장마 직전에 주면 질소의 과다한 흡수와 일조 부족으로 엽색이 짙어지며 신초 등이 무성하고 연약해지므로 유의해야 함

□ **과수화상병 예찰·방제 체계 개선, 이것만은 꼭 알아두세요!**

(보도자료: 2024.12.20. 농촌진흥청)

○ 농촌진흥청은 과수화상병 현장 대응을 한층 강화하고 농가 자율 참여 유도로 병 발생을 줄이기 위해 '2025년 과수화상병 예찰·방제사업 지침'을 개정, 추진한다고 밝혔음

○ 2024년 과수화상병 발생 현황을 보면 162개 농가, 86.9헥타르(ha)로 2023년* 대비 농가 수는 69%, 면적은 78% 수준으로 감소했음

- 2025년에도 감소 추세를 유지할 수 있도록 한층 강화된 전략으로 대응할 계획임

 * 2023년 과수화상병 발생 현황: 234개 농가, 111.8ha

○ 개정 지침 가운데 농업인이 알아야 할 사항은 첫 번째, 식물방역법 일부 개정·시행('24.7.24.)에 따라 농업인·농작업자의 병해충 예방 교육 이수 및 예방수칙* 준수가 의무화됐음

 *예방수칙: ①농작업 전후 작업 도구를 철저히 소독할 것 ②병해충 발생 시기에 등록된 농약 살포 ③종자의 생산·판매 이력이 기록·보관되는 묘목을 구입 ④병해충 발생 여부를 주기적으로 관찰·조사하고, 발견되면 지체없이 신고할 것 ⑤병해충 발생 예찰에 적극 협조할 것

○ 병해충 예방 교육은 '새해농업인실용교육'과 농업기술센터, 농협 등이 주관하는 집합교육에 참여하거나 온라인 교육을 통해 이수할 수 있음

○ 온라인 교육은 2025년 1월부터 수강할 수 있음

- 농촌진흥청 농촌인적자원개발센터(hrd.rda.go.kr) 누리집 접속-회원가입 및 회원 들어가기(로그인)-이(e)러닝-농업기술교육-'과수화상병 예방을 위한 농업인 준수사항' 과정을 선택하면 됨

- 대면 및 온라인 교육 이수 증빙자료 유효기간은 1년이므로, 매년 교육을 받아야 함

○ 예방 교육을 받지 않거나 예방수칙을 위반할 경우, 손실보상금이 감액됨

- 감액 기준은 △교육 미이수(20%) △발생 미신고(60%) △궤양 미제거, 작업 도구 미소독, 예방 약제 미 살포, 건전 묘목 미사용, 출입자 미관리(각 10%) 등임
○ 두 번째는 과수화상병 다발생 및 고위험 지역, 사과·배 주산 시군 과수 재배 농업인은 자가 예찰을 강화해야 함
○ 특히 과수화상병이 집중적으로 발생하는 5~7월까지 매주 화요일을 '화상병 예찰의 날'로 시범 운영함에 따라 주 1회 예찰이 필수임
- 농업인에게는 예찰 방법 등을 안내하는 휴대전화 문자 또는 정보성 메시지(알림톡)가 발송됨
- 사과·배 주산 시군에서 과수화상병이 발생하면 발생 과수원 반경 200미터 이내에 있는 과수원은 매일 예찰하고, 200~500미터 이내 과수원은 주 2회 예찰해야 함
○ 세 번째는 과수화상병이 확진됐을 때 방제 명령을 받고 7일 이내에 폐원 또는 부분 폐원을 완료해야 함
- 단, 기상 환경 등으로 불가피하게 기한 내 폐원이 어려운 경우에는 해당 시군에서 농촌진흥청장과 시도지사에게 지연 사유와 예상 완료 일자 등이 포함된 폐기 계획을 제출해야 함
○ 또한, 매몰 방제(폐원)한 과수원에서 다시 사과·배를 심을 수 있는 재 식재 금지 기간이 24개월에서 18개월로 단축됨
- 이에 따라 농가는 반드시 '과수화상병 재 식재 농가 확인 목록(체크리스트)'을 작성해 시군농업기술센터에 제출하고 과수원 예찰 및 청결, 외부 농작업자 출입 자제 등 적극적으로 관리해야 함
○ 농촌진흥청 재해대응과는 "2024년 11월 11일부터 '과수화상병 사전 예방 중점기간'을 운영, 병원균의 월동처가 될 수 있는 궤양과 무병징 기주를 조기에 제거하고 있다."라며 "2022년부터 사전 예방 체계로 전환하면서 과수화상병 발생 건수와 면적이 감소하는 추세이지만, 상황에 따라 언제든지 대발생할 수 있으므로 농업인과 지자체 담당자의 철저한 예찰·방제를 당부한다."라고 전했음

## '2025년도 과수화상병 예찰·방제사업 지침' 주요 내용

○ 개선 내용 요약

| 내 용 | (2024년) | 개선 (2025년) |
|---|---|---|
| ▶ 농업인 예방수칙 준수<br>▶ 농업인 교육 이수<br>  - 연 1회, 1시간 이상 | • 권고 | • 의무화 |
| ▶ 위기 단계<br>  (관심-주의-경계-심각) | • 전국 단위 발령 | • 경계 이상 단계 시, 시도, 시군 단위 발령 |
| ▶ 재식재 금지 기간 | • 24개월 | • 18개월 |
| ▶ 확진 시 매몰 기간 | • 10일 이내 | • 7일 이내 |
| ▶ 사전 예방 중점기간 | • '23.11.27.~'24.4월 | • '24.11.11.~'25.4월 |
| ▶ 다발생 시기(5~7월) 중점관리<br>  1) 화상병 예찰의 날<br>  2) 자가예찰·진단 푸시톡 | • 미시행 | • 시범운영 (매주 화요일) |
| ▶ 예방 약제 살포 요령 | • 개화전, 개화기 | • 개화전, 개화기<br>• 개화기 이후, 생육기 신초 감염 예방 요령 추가 |

○ 보상금의 감액 기준(식물방역법 시행령)

| 항목 | 감액률 | 항목 | 감액률 |
|---|---|---|---|
| 발생 미신고 | 60% | 예방수칙 미준수<br>- 궤양미제거, 작업도구 미소독, 예방약제 미살포, 건전묘목 미사용, 출입자 미관리 | 10% |
| 예찰, 분포 조사 거부·방해·회피 | 40% | 방제명령 위반 | 20~100% |
| 교육 미이수 | 20% | 재식재 과원 발생 | 20~80% |

## 3. 복숭아

☐ 열매솎기(적과)

○ 기준
- 열매솎기 정도는 꽃봉오리나 꽃솎기에서와 같이 품종, 나무 세력에 따라 조절되어야 하며 열매 가지 강약도 고려해야 함
- 열매솎기할 때를 기준으로 조생종에서는 잎 20매당 1과, 중생종은 25매당 1과, 만생종은 30매당 1과 정도를 두고 하는 것이 적당함
- 열매가지 종류별 착과 조절은 단과지 5본당 1개, 중과지 1개, 장과지는 그 길이에 따라 20㎝ 간격으로 1개씩 남기고 솎아냄

<과실 당 잎 수 및 10a당 착과 수>

| 구 분 | 잎수/1과 | 착과수/10a |
|---|---|---|
| 조 생 종 | 20~30 | 18,000~20,000 |
| 중 생 종 | 25~35 | 16,000~18,000 |
| 만 생 종 | 30~40 | 13,000~15,000 |

○ 대상 과실
- 작고 기형 또는 한쪽이 더 많이 자란 편육(偏育) 과실, 병해충 과실, 일소나 바람 피해를 받기 쉬운 상향과(上向果), 열매가지의 최선단이나 기부 쪽 과실 등임

○ 시기
- 열매솎기 시기는 빠를수록 나무 양분 손실이 적지만 너무 빠르면 불량 과실 판단 기준이 모호하므로 이런 요소를 정확하게 판단할 수 있다면 가능한 한 빨리 실시함
- 열매솎기 시기가 빠르고 한 번에 강하게 열매솎기를 하면 새가지 생장 쪽으로 양분 공급이 편중되어 낙과되거나 핵활(핵 갈라짐), 기형과 발생이 많기 쉽고 생리적 낙과가 유발되므로 예비적과, 정리적과 및 수정적과 순으로 나누어 실시하는 것이 좋음

○ 예비 열매솎기(만개 후 2~3주 사이)
- 예비 열매솎기는 목표로 하는 최종 착과량의 1.5~2배를 남기고 함
- 꽃봉오리와 꽃을 충분히 솎아준 경우나 결실이 적을 때에는 예비 열매솎기를 생략할 수 있지만, 그렇지 않으면 실시하는 것이 좋음
- 꽃가루가 있는 품종 열매를 먼저 솎아주고, 꽃가루가 없는 품종은 수정과와 불수정과를 판별할 수 있는 시기에 열매솎기를 실시함
- 예비 열매솎기를 할 시기에는 과형의 좋고 나쁨을 판단하기가 어려우므로 착과 방향이 좋지 않거나 상처가 있는 과실을 우선적으로 제거함

<복숭아 결과지 종류별 착과량 조절 기준>

| 결과지 | 길이 | 예비적과 | 본적과 | 수정적과 |
|---|---|---|---|---|
| 화속상단과지 | 5cm 이하 | 2~3개당 1과 | 3~4개당 1과 | 3~4개당 1과 |
| 단과지 | 5~10cm | 2~3개당 1과 | 3~4개에당1과 | 3~4개당 1과 |
| 중과지 | 10~30cm | 2~3과 | 1~1.5과 | 1과 |
| 장과지 | 30~50cm | 4~5과 | 2~3과 | 2과 |
| 극장과지 | 50~100cm | 잎눈 당 1과 | 7~10과 | 3~5과 |

<복숭아 수세별 적과 기준>

| 수세 | 예비 열매솎기 | 본 열매솎기 | 수정 열매솎기 | 착과지수 |
|---|---|---|---|---|
| 강함 | 최종 착과량의 2배 정도 | 최종 착과량의 20%를 남김 | 발육불량과, 변형과, 병해충 피해과 제거 | 110~120 |
| 적당 | 최종 착과량의 50%를 더 남김 | 최종 착과량의 5~10%를 더 남김 | | 100 |
| 약함 | 최종 착과량의 20%를 더 남김 | 최종 착과량의 5%를 더 남김 | | 80~90 |

○ 본 열매솎기(개화 후 40~50일)
- 본 열매솎기는 봉지를 씌우기 직전에 수행하는 최종 열매솎기로 볼 수 있음
- 가지비틀기(염지)는 5월 하순~6월 상순 신초가 굳지 않았을 때, 비틀어 굽혀 성장 방향을 바꾸고, 생장을 억제시켜, 일소 방지에 활용할 수 있음

❏ 봉지씌우기
○ 병해충 방제가 상대적으로 쉬운 조생종 품종은 무봉지 재배가 가능하지만, 대부분 복숭아 품종은 병해충 방제 어려움과 외관 품질 향상 등을 위해 봉지를 씌워 관리함
- 봉지 씌우지 않고 재배하면 생산비를 경감시킬 수 있고 당 함량과 비타민 C 함량이 증가하나, 외관적인 품질은 저하되어 봉지를 씌워야 상품성이 향상됨
○ 봉지씌우기는 심식충이 산란을 시작하기 전인 6월 상순까지 완료하며, 생리적 낙과가 심한 백도계 품종은 10일 정도 늦추도록 함
○ 봉지를 씌우기 직전에는 반드시 약제를 살포하는 것이 바람직함

❏ 신초관리
○ 신초가 어린 5월에는 순따기, 그 이후 염지, 유인, 적심 등의 방법이 사용되고 최종적인 수단으로 도장지 정리를 통해 나무 세력을 관리함
- 순 따기는 신초 발생 초기에 복잡한 신초를 솎아 주는 작업으로 수세에 맞게 작업해야 함
- 유인은 수액이 이동을 시작하는 5월에 직립성(도장성) 가지를 수평으로 유인하여 나무의 세력을 조절해야 함
- 가지비틀기(염지)는 5월 하순~6월 상순 신초가 굳지 않았을 때 비틀어 굽혀 성장 방향을 바꾸어 세력 조절
- 도장성 가지는 4마디를 남기고 잘라 광 환경 개선과 과일 품질 향상

## ☐ 병해충 방제

○ 세균성구멍병
- 잎, 가지, 과실에 발생하며, 특히 과실에 큰 피해를 주는 병임
- 최초 발생은 4월부터이지만 7월에 들어가서 발생이 심하며, 10월까지도 발생함
- 4월경 기온이 상승하면 월동처 병원세균이 증식을 시작하여 빗물에 의하여 전파됨
- 보통 바람이 심하고, 높은 습도 유지 기간이 긴 지역에서 발생이 많으므로 낙화 후에는 재감염이 일어나지 않도록 중점방제해야 함
- 봉지씌우기는 가능하면 일찍 하는 것이 좋으며, 늦어지면 이병과를 제거해야 함
- 약제 방제는 낙화 후 생육기에는 적용약제를 2~3회 살포함

○ 탄저병
- 4~6월 강수량이 30mm 이하 지방에서는 거의 발병하지 않으며, 300~400mm 정도로 많은 지역에서는 많이 발생함
- 5월 상순부터 발생하여 발병 최성기는 낙화 후인 6~7월 기온이 25℃ 일 때임
- 낙화 후부터 봉지씌우기까지 기상 상태에 따라 2~3회 정도 적용약제를 살포함

○ 잎오갈병
- 우리나라 전국에 발생하며, 봄철에 서늘하고 다습하면 발생이 심함
- 병원균은 가지 표면에 부착하여 분생포자로 월동한 후 다음 해 봄 복숭아 눈이 발아할 때 비에 씻겨 새로운 잎에 도달하여 병을 일으킴
- 잎이 나오기 시작하면서부터 5월 중순까지가 주 감염 시기이며, 5월 하순 이후 기온이 24℃ 이상 되면 발병이 적음
- 낙화 후 강우가 계속되거나 기온이 서늘한 경우는 약제 방제해야 함

○ 복숭아순나방
- 5월부터 발생이 시작되나 실제로 과실을 가해하기 시작하는 시기는 6월 상순부터이니 예찰 후 발생 초기 방제

□ 복숭아 잎오갈병 진단용 표준영상 및 정보 제공

(영농활용: 2022. 국립원예특작과학원)

○ 배경
- 복숭아에 발생하는 잎오갈병은 봄철 서늘하고 다습하면 발생이 증가하며 피해 본 잎이 조기 낙엽 되어 꽃눈분화에 지장을 줄 수 있음
- 국가병해충관리시스템(NCPMS)에서 제공하고 있는 본 병해 관련 사진 보완이 필요함
- 복숭아 잎오갈병의 발생 초기부터 시기별 발생 양상 등의 고화질 이미지를 제공하여 활용할 수 있게 하고자 함

○ 개발된 영농기술정보
- 복숭아에 발생하는 잎오갈병 표준 영상 및 병해 정보 제공
  · 대상 병해: 잎오갈병
  · 이미지: 잎오갈병 병해의 진전단계별 피해 증상
  · 병해 정보: 피해 증상, 발생 조건, 전염경로, 관리방안

&lt;병발생 초기 증상&gt;　　&lt;병발생 중기 증상&gt;　　&lt;병발생 후기 증상&gt;

○ 파급효과
- 복숭아 잎오갈병 표준이미지를 농업관련 종사자 교육에 활용
- 국가농작물병해충관리시스템 업그레이드를 통한 수요자 만족도 향상

# ☐ 복숭아 검은별무늬병 진단 및 정보 제공

(영농활용: 2022. 국립원예특작과학원)

○ 배경
- 복숭아에 발생하는 검은별무늬병은 5월 중순부터 6월 중순 무렵 다습할 때 발생하여 과실의 상품성을 떨어뜨림
- 검은별무늬병의 병징은 세균구멍병 과실 병징과 비슷하여 구별이 어렵고, 이로 인해 농가에서는 관리에 어려움을 겪고 있음
- 국가병해충관리시스템(NCPMS)에서 제공

○ 개발된 영농기술정보
- 복숭아에 발생하는 검은별무늬병의 병징 사진 및 병해 정보 제공
  · 대상 병해: 검은별무늬병(黑星病, Scab)
  · 병원균: *Cladosporium carpophilum* Thumen
  · 병해 정보: 피해 증상, 전염경로, 방제법 등

〈복숭아 검은별무늬병〉　　〈검은별무늬병과 세균구멍병 병징 비교〉

- 발병 조건 및 전염경로
  · *Cladosporium carpophilum* Thumen은 가지의 껍질 병반에서 균사 형태로 겨울을 난 후 4~5월경부터 포자를 형성하여 비, 바람에 운반돼 전염되며, 약 35일의 잠복기간이 지난 후 5월 중순부터 발병

○ 파급효과
- 복숭아 검은별무늬병의 병해 사진 및 정보제공 정확한 진단 가능
- 피해 증상과 관리방안을 활용하여 재배 농가의 피해 경감

❏ 복숭아, 자두 피해 주는 '깍지벌레' 방제 효과 높인다

(보도자료: 2024.05.13. 농촌진흥청)

○ 농촌진흥청은 핵과류 문제 해충인 '뽕나무깍지벌레' 방제 효과를 높이려면 1차, 2차 방제에 나서야 한다고 강조했음
 - 1차 약제 살포 시기는 부화가 거의 이루어진 때(2024년 5월16일경), 2차 약제 살포 시기는 어른벌레가 되기 전(2024년 5월30일경)임
○ 복숭아, 자두, 매실 등 핵과류 즙액을 빨아 먹는 뽕나무깍지벌레는 어른벌레가 되면 몸이 왁스 물질의 깍지로 덮여 약제가 닿지 않기 때문에 어릴 때 방제해야 함
 - 더욱이 어른벌레는 몸 안에 50~120개 정도의 알을 품고 있어 반드시 어릴 때 방제해야 더 큰 피해를 막을 수 있음
○ 하지만 막 알에서 나온 애벌레는 크기가 0.3㎜ 이하로 작아 농업인이 이를 알아채 방제하기가 쉽지 않음
○ 이에 농촌진흥청은 2024년부터 전문 연구자가 예방관찰(예찰)하고 적절한 방제 시기를 현장에 알릴 수 있도록 핵과류 주요 생산지 농업기술센터 36곳과 연계해 방제 정보를 공유하기로 했음
○ 농촌진흥청은 사회관계망서비스(SNS)로 지역 농업기술센터 담당자에게 전달해 농가에 알리도록 하며, 2차(2세대)로 애벌레가 발생하는 7월에도 같은 방식으로 방제 적기를 공유할 계획임
 - 아울러 더 많은 농업기술센터가 정보 공유에 참여할 수 있도록 독려할 예정임
○ 농촌진흥청 국립원예특작과학원은 "방제 적기를 벗어나 약제를 뿌리면 효과가 낮아질 수 있으므로 청에서 제공하는 방제 정보를 반드시 지켜달라."라며 "센터와의 정보 전달 체계가 자리잡히면 방제 효율은 높이면서 약제 사용량은 줄어 농업인 부담을 낮출 수 있을 것이다."라고 전했음

# 뽕나무깍지벌레 발생 현황과 피해 사진

○ 핵과류에서의 뽕나무깍지벌레 발생 현황(2024)
 - (발생량) 3과종 대상 총 발생과원율은 65.6%, 발생주율은 23.9%
  * (과종별 발생 과수원 비율, %) 매실 100 > 자두 69.4 > 복숭아 45.0
  * (과종별 발생 나무 비율, %) 매실 50.0 > 자두 22.1 > 복숭아 16.7
  * (발생밀도) 가지당 밀도는 복숭아는 1,000마리 이상 고밀도, 자두·매실은 100마리 이하 저밀도가 많음

<과종별 발생 현황>

| 구분 | 복숭아 | 자두 | 매실 |
|---|---|---|---|
| 조사 과수원 수 | 20 | 36 | 8 |
| 발생 과수원 수 | 9 | 25 | 8 |
| 발생 과수원 비율(%) | 45.0 | 69.4 | 100 |
| 조사 나무 수 | 600 | 1,080 | 240 |
| 발생 나무 수 | 100 | 239 | 120 |
| 발생 나무 비율(%) | 16.7 | 22.1 | 50 |

○ 뽕나무깍지벌레 형태와 피해 사진

피해를 본 가지     피해를 본 복숭아 열매

갓 부화한 애벌레     자라서 깍지가 형성되고 있는 모습     암컷 어른벌레

○ 방제약제 정보
 - 농촌진흥청 농약안전정보시스템(http://pris.rda.go.kr), 농약 검색 메뉴에서 확인

# 4. 포 도

❑ 새가지 유인

○ 포도나무는 덩굴성 작물로 신초를 자유롭게 방향 조절 및 유인이 가능하므로 덕면을 잘 활용하면 착과 균일화 및 수광 상태 개선 등에 의한 동화 산물 증대로 품질을 향상할 수 있음
 - 새가지가 30~40㎝ 정도 생장하면 유인을 시작하는데, 너무 빠르면 새가지가 떨어지기 쉽고, 늦으면 덩굴손이 서로 감겨서 작업 효율성이 떨어짐
 - 새가지 세력이 중간 정도라면 1~2회 유인으로 끝나지만, 어린나무 또는 생장이 왕성한 나무는 수시로 유인함
 - 또한 농가들이 송이다듬기 등을 쉽게 하려고 꽃송이를 길게 키우고자 여러 가지를 처리하고 있는데, 재배적인 측면에서는 새가지 유인각도를 수평에 근접하도록 유인하고 신초 굵기를 8~10mm로 조절하는 것이 가장 효과적인 방법임
○ 새가지가 30~40㎝ 정도 생장하면 덩굴손이 서로 얽히거나 바람에 의해 떨어질 수 있으므로 일찍 유인 및 결속하는데, '샤인머스캣'은 다른 품종과 달리 생육 초기 새가지를 유인 및 결속하면 쉽게 떨어지므로 본잎 9매까지는 덩굴손만 잘라냄
○ 새가지 유인 및 결속은 본잎 9매 이상 생장할 때 2~3마디 사이를 엄지손가락으로 받쳐준 상태에서 원하는 방향으로 유인하여 결속함
 - 새가지 결속은 유인 고리 또는 결속기로 쉽게 할 수 있는데, 바람이 강한 지역에서는 결속기로 새가지를 유인·결속하면 쏠림 현상이 나타날 수 있음
○ 새가지 수는 생산량과 밀접하므로 '켐벨얼리'나 '샤인머스캣' 품종은 원가지 1.0m당 새가지를 13개 확보하는데, 유인작업 등으로 떨어질 수 있어 20% 정도 더 남기는 것이 바람직함
 - 최종 새가지 수는 새가지가 떨어지지 않은 개화 직전 결정함

- 일반적으로 원가지 1.0m에 9개의 결과모지가 있으므로 이중 결과모지 간격이 넓은 곳은 새가지를 2개 받음
- 일부 농가에서는 결과모지에서 새가지를 무조건 1개 받는데, 이는 수량 감소 원인이므로 바람직하지 않음

□ '샤인머스캣' 생육 초기 온도관리
○ '샤인머스캣' 품종은 '켐벨얼리'나 '거봉' 등 품종에 비해 생육초기(본잎 3~7매 정도) 저온에 약하므로 무가온 하우스의 비닐 피복 시기를 10일 정도 늦춤
- 무가온 하우스 비닐을 2월 중순경에 피복하는 농가는 생육초기 저온에 응급적으로 대응할 수 있는 온풍기 필요
○ 포도잎이 3~7매일 때 최저온도가 6~7℃ 이하로 떨어지면 포도잎이 오그라지거나, 잎이 안쪽으로 말리면서 갈색으로 변하고 어린 새가지는 말라죽음

□ 꽃송이 다듬기
○ 꽃송이 솎기 및 다듬기는 시기가 **빠를수록** 양분 소모가 적어 좋지만, 품종이나 수세 및 기후 등에 의해 꽃떨이현상 발생 정도가 다르므로 꽃피기 5일 전부터 개화 전까지 하는 것이 좋음
- 농가들은 꽃송이 다듬기를 어깨송이만 잘라내고, 알 달림 후 불필요한 포도알을 솎아낸다고 하지만, 일단 착립하면 아까워서 솎아내지 못해 품질 저하 원인임
- 씨 없는 포도 생산 시 꽃송이 끝부분을 3~4cm 남기도록 하는데, 꽃송이 다듬기 할 때 꽃송이 길이가 점점 길어지므로 가위에 청테이프 등으로 3.0cm를 표시해서 중간중간 점검함
○ 방법
- '켐벨얼리' 품종의 지경은 20~22개 정도로 개화 5일 전부터 개화 직전까지 어깨송이를 포함해 2~3개 지경을 솎아내어 꽃송이 당 17~19개 지경을 남김

- 새가지 세력이 약하면 꽃송이를 1개, 중간 정도면 2개 남기는데, 목표 송이수 20~30% 더 남긴 후 봉지씌우기 전에 적정 송이수로 조절함
- '거봉'계 품종 유핵재배는 꽃송이 다듬기 시 어깨송이를 포함해 8~10개를 솎아내어 꽃송이 당 16~18개 지경을 남김
- 꽃송이는 새가지당 1개를 남기며, 새가지 길이가 30㎝ 이하면 꽃송이를 잘라 빈가지로 두고, 적정 송이수는 가지 2개당 1송이를 착과시킴
- '거봉'계 또는 '샤인머스캣' 품종의 씨 없는 포도 생산 시 꽃송이 다듬기 일손을 절감하기 위해 왼손으로 꽃송이 끝부분을 3~4㎝ 정도 잡은 후 오른손의 검지와 중지 사이에 꽃송이를 끼고 아래쪽으로 훑어 지경을 제거함
- 꽃송이는 생장조정제 처리 유무를 표시할 수 있는 표지가 없으므로 생장조정제 처리 표식기를 오른손 세 번째 또는 네 번째 손가락에 착용하고, 생장조정제 처리 후 새가지에 점을 찍듯 자국을 남김

□ 순지르기
  ○ '캠벨얼리'
  - 새가지를 개화 3~5일 전 순지르기 하면 동화양분이 새가지 생장에 소모되는 것이 억제되고, 꽃송이로 양분이 이동되어 꽃떨이 현상 방지에 효과적임
  - 개화 전 순지르기를 두 번째 송이에서 5~6매 정도 남기고 강하게 하면 생육 초기 과립 비대는 좋지만, 성숙기에 본 잎 부족으로 성숙 지연 등 각종 생리장해 발생 원인을 제공함
  - 개화 전 순지르기는 새가지 끝부분 전엽된 잎 바로 아래를 자르면 본 잎을 두 번째 송이에서 8매 정도를 확보할 수 있어 성숙기 본 잎 부족에 의한 성숙 지연 등 생리장해 방지가 가능함
  - 착색기 이후에도 새가지가 계속 생장하면 순지르기를 약하게 하여 새가지 생장을 억제해야 성숙이 촉진되고, 이듬해 열매어미가지로 사용될 가지의 충실도도 향상됨

- 나무자람세 조절은 순지르기만으로는 조절할 수 없으므로 동계전정 시 품종, 수령 및 토양에 적합한 주간거리가 유지되도록 솎아베기함
○ '거봉'
- '거봉' 품종은 '캠벨얼리'와 달리 영양 생장이 지나치게 강할 때 순지르기하면 오히려 무핵과립이 많이 생기므로 주의함
- 개화기 낮은 온도와 강우 조건에서는 무핵 과립수가 더욱 증가할 수 있으므로 순지르기에 의한 '거봉' 품종의 결실률 향상은 매우 어려움
- 결실 후 발육지나 결과지가 직선적으로 생장하여 주변의 가지와 교차할 때는 순지르기로 생장방향을 전환시키는데 주변에 공간이 있으면 부분적으로 순지르기 해도 상관없지만, 공간이 부족하면 곁순 발생으로 인해 덕면이 어둡게 되어 광합성 감소, 병해충 등이 발생할 수 있음
- 경핵기~착색기의 순지르기는 새가지 경화와 함께 엽육조직을 튼튼하게 하여 병해 발생을 감소시키고, 생장점 수가 증가되어 곁순 생장이 억제되므로 꽃눈이 발달됨
- 과립 생장비대기에 과잉의 무기 질소와 수분, 햇볕이 부족하면 결과지와 발육지가 계속 생장하여 덕면이 어둡게 되므로 순지르기가 필요하고, 순지르기에 의해 꽃눈발달과 엽육 경화가 일어남
- 과립비대기에도 새가지가 강하게 생장하는 것이 좋지 않고, 이러한 새가지 생장은 기본적으로 전정과 비료주기 관계를 생각해야 하며, 현실적으로는 덕면이 어둡게 되면 순지르기만으로는 해결이 되지 않으므로 새가지 솎기가 필요함

□ 개화기 저온에 의한 꽃떨이 현상
○ 농가에서 포도를 일찍 수확하려고, 비가림시설의 측면과 천장을 비닐로 피복하는 하우스 형태로 만들어 7월 중·하순부터 수확하고 있는데, 이들 농가는 대부분 축열물주머니 등이 없어 개화기 저온에 의한 꽃떨이 현상이 발생하고 있음

- 개화기 저온에 의한 꽃떨이 현상을 방지하려면 개화기 최저온도를 12℃ 이상 확보하기 위해 축열물주머니(지름 50cm, 통비닐 2개)를 열간에 2개씩 설치하여 최저온도를 관리함

□ 철 결핍증상 방지법
  ○ 새가지가 자라는 5월 중·하순경에 새가지 윗부분의 어린잎이 노란색으로 변하고, 심하면 포도알도 노란색으로 변함
  - 증상이 심하지 않으면 7월 이후 잎색이 정상화되기도 하지만, 당도는 낮고, 신맛은 강해짐
  ○ 방지대책은 황산철 60g을 미지근한 물 20L에 녹인 후 피해나무에 10L씩 3일 간격으로 2~3회 토양에 줌

□ 포도 애무늬고리장님노린재 표준영상

(영농활용: 2022. 국립원예특작과학원)

  ○ 배경
  - 국가농작물병해충관리시스템(NCPMS) 구축하여 사진도감을 통해 작물별로 여러 병해충에 대한 정보를 제공하고 있으나, 이미지가 한정적이며 해상도가 낮고 다양한 형태로 발생하는 해충을 판단하는 데 애로 사항이 있음
  ○ 개발된 영농기술정보
  - 포도원에서 발생하는 애무늬고리장님노린재의 표준 이미지 제공
    · 이미지: 발생단계 사진 (알, 약충, 성충) 및 피해 작물
    · 피해증상, 해충생태, 방제요령 등 대상해충 관련 기본 정보
  - 해충의 발생생태 등 정보 및 표준 영상 이미지
  ○ 파급효과
  - 해충피해 및 영상 사진을 통한 현장진단 및 방제정보 제공으로 신속한 대응 및 피해 최소화
  - 농업기술포털 해충정보의 영상(이미지) 정보 개선으로 육안 진단 효율 향상

## 5. 감귤

❑ 감귤나무 생리 생태
- ○ 상순: 봄 순 자람이 왕성하고 꽃이 피기 시작하며 영양분이 많이 소요되는 시기
- ○ 중순: 개화기이며, 뿌리 자람이 활발한 시기
- ○ 하순: 만개기이며, 생리적 낙화가 시작되며, 병해충 발생이 많아지는 시기

❑ 감귤나무 관리
- ○ 육안으로 판단하여 꽃이 적당히 개화하면 좋은데 전년도 착과 상태, 기상 등의 요인에 따라 과원마다 차이가 있음
  - 봄 순이 거의 없으면 꽃이 많이 피어 착과량이 많아지고 봄 순이 많이 발생하면 꽃이 적게 피고 착과도 적음
  - 해거리 발생을 줄이기 위해서는 봄 순이 조금 발생하는 것이 적당함
- ○ 꽃이 많이 핀 나무
  - 꽃봉오리 제거(적뢰)
    - 이른 시기 빠른 꽃봉오리 제거로 새 순 발생을 기대할 수 있음
    - 꽃이 많이 피면 양분 소모 과다로 수세가 약해지고 봄철 새순 발아가 되지 않음
    - 새 순 약 10% 정도일 때 과실 정상 생육 및 이듬해 정상 착과 가능
    - 꽃봉오리 발생 시기~꽃 피기 전에 작업(일반적으로 5.1~15 작업)
    - 나무 윗부분에 새순이 발생하도록 꽃이 핀 가지를 잘라줌
    - 만감류의 경우 충실한 열매를 위해 봄순끝 꽃을 남기고 나머지 곁꽃 제거

<꽃(봉오리)따는 시기와 새순 발생>

| 꽃(봉오리)따는 시기 | 새순 발생 수 | 새잎 발생 수 |
|---|---|---|
| 5월 2일 | 281 | 1056 |
| 5월 10일 | 227 | 935 |
| 5월 21일 | 170 | 650 |
| 5월 30일 | 71 | 475 |

○ 꽃이 적게 핀 나무
 - 꽃이 적기 때문에 생리낙과(과실이 스스로 떨어지는 현상)가 적어지도록 관리를 함
 - 생리낙과는 고온, 일조 부족, 봄순과의 양분 경합 등으로 발생됨
 - 꽃에 충분한 빛이 들어가고 새순과의 양분 경합을 줄이기 위해서 꽃이 핀 가지 근처의 기부(가지 맨 아랫부분)에서 새순을 제거함
 - 봄순 녹화를 촉진하기 위하여 물 20L당 황산마그네슘 60g(0.3%)을 녹여서 7~10일 간격 3회 살포함
 - 꽃이 핀 후 엽면시비는 잿빛곰팡이병 발생의 원인이 되므로 살포하지 않는 것이 좋음

<꽃이 많은 상태(5.1일)>

<유엽화(새 잎을 가진 가지 끝의 꽃)>

<과다 착화 나무의 개화(5.20일)>

<생리낙과 모습(6.13일)>

○ 여름비료 시비
 - 여름비료 시비량은 나무수령과 재배토양 조건에 따라 차이가 있으며, 주는 시기는 5월 하순 6월 상순(만개 20일 후)이나 장마가 빨라지면서 양분 유실을 방지하기 위하여 조금 일찍 시비하여도 괜찮음
 - 6월이 되면 뿌리가 왕성하게 자라면서 토양에서 양분과 수분을 흡수하여 과실이 비대를 시작함
 - 하지만 질소비료를 많이 주거나 시기가 늦으면 착색이 나쁘고 부피과 발생이 증가하며, 과실산 함량 감소가 늦어져 품질이 떨어짐
 - 시비 추천량을 준수하고, 나무 수세, 착화량 정도, 수확시기, 품종 특성, 퇴비시용 여부 등을 고려하여 조절하는 것이 좋음

〈여름 시비량(kg/10a)〉

| 토양 | 수령 (년) | 비료 종류 | | | | | |
|---|---|---|---|---|---|---|---|
| | | 요소 | 염화 칼리 | 달콤 1호 (8-7-6) | 감귤천하 (7-7-5) | 따봉감귤 (7-6-4) | 복합비료 (21-17-17) |
| 화산 회토 | 5 | 5.0 | 6.1 | 29 | 33 | 33 | 11 |
| | 10 | 6.5 | 8.6 | 38 | 43 | 43 | 14 |
| | 15 | 8.8 | 11.8 | 51 | 59 | 59 | 20 |
| | 20 | 10.0 | 13.3 | 58 | 66 | 66 | 22 |
| 비화산 회토 | 5 | 4.6 | 5.0 | 26 | 30 | 26 | 10 |
| | 10 | 5.6 | 7.5 | 33 | 37 | 33 | 12 |
| | 15 | 7.1 | 9.3 | 41 | 47 | 41 | 16 |
| | 20 | 9.1 | 11.8 | 53 | 60 | 53 | 20 |

❏ 고접수의 접목 후 관리
○ 고접한 접수의 눈은 접목 후 2~3주가 되면 발아함
 - 발아하는 상태를 잘 관찰하여 눈이 테이프를 뚫고 잘 나오지 못하는 경우 새순 길이가 1~2cm 되었을 때 테이프를 칼로 찢어 눈을 밖으로 꺼내 줌
 - 발아한 눈은 바람에 쉽게 부러지므로 지주를 세워 유인해 주고 20~30cm 정도에서 적심 하여 새로운 순을 발생시킴
 - 새순이 잘 자라기 위해서는 진딧물, 귤굴나방이 발생하지 않도록 관리하는 것이 중요함

## ❏ 감귤 주요 병 발생 정보 및 방제 요령

○ 주요 병 피해증상 및 방제방법

| 병명 | 피해증상 | | 발생정보 |
|---|---|---|---|
| 궤양병 | 궤양병 잎 피해 | 궤양병 열매 피해 | - 주발생시기: 6~9월<br>- 발생부위: 잎, 열매<br>- 피해증상: 황화된 작은 반점으로 시작하여 황갈색의 부스럼 모양으로 잎과 열매 피해를 줌<br>- 방제방법: 병든 월동 잎 제거 및 항생제 사용은 가급적 자제하며, 태풍 내습 전 구리제 중심 약제 살포 |
| 더뎅이병 | 더뎅이병 잎 피해 | 더뎅이병 열매 피해 | - 주발생시기: 4~5월<br>- 발생부위: 잎, 열매<br>- 피해증상: 작은 반점이 차츰 커지고 돌출하여 코르크화된 딱지 발생<br>- 방제방법: 병든 월동 잎 제거, 전년도 발생이 심한 과원은 봄순 발아 및 낙화 초기부터 적용약제 살포 |
| 검은점무늬병 | 죽은가지 병원균 | 검은점무늬병 열매 | - 주발생시기: 7~10월<br>- 발생부위: 잎, 가지, 열매<br>- 피해증상: 흑점형 반점 증상으로 열매에 나타나며, 고온다습 시기에 죽은 가지에서 주황빛 포자 관찰 가능<br>- 방제방법: 죽은가지 제거 및 비가 오기 전 예방 위주 적용약제 살포 |
| 황반병<br>(누른무늬병) | 황반병 잎 피해 | 황반병 열매 피해 | - 주발생시기: 5~9월<br>- 발생부위: 잎, 열매<br>- 잎: 노란색~갈색 얼룩 반점 생성<br>- 열매: 숙기 지연 및 과피 흑색의 괴사성 소립 반점 생성<br>- 방제방법: 병든 잎 제거, 발생 시 구리제 살포(하우스 재배 시 약해 유의)를 하며, 약제 방제보다 착과량 조정 등 수세 회복이 우선 되어야 함 |

| 병명 | 피해증상 | | 발생정보 |
|---|---|---|---|
| 잿빛곰팡이병 | 유과기 잿빛곰팡이병 | 비대기 잿빛곰팡이병 | - 주발생시기: 4~5월<br>- 발생부위: 꽃, 열매<br>- 피해증상: 저온다습 기상조건에서 꽃잎을 통해 침입한 병원균이 과실에 긁힌 것과 유사한 상처를 남김<br>- 방제방법: 꽃이 70% 떨어진 시기에 방제를 하며, 약제 내성이 높아 작용기구가 다른 적용약제 교호살포 |
| 역병 | 역병으로 인한 과실 피해 | 열매 낙과 | - 주발생시기: 9~10월<br>- 발생부위: 열매, 지제부<br>- 열매: 표피가 연한 갈색으로 변하고 곰팡이가 생기며, 썩거나 낙과함<br>지제부: 곰팡이가 생성되며, 수세 약화로 인한 수액 유출<br>- 방제방법: 병 발생 후 약제 살포는 효과가 낮으므로 상습 침수 과원은 많은 강우나 태풍 예보 전 예방 위주 약제 살포가 효과적임 |
| 꼭지썩음병 | 꼭지마름병으로 인한 갈변 및 낙과 | | - 주발생시기: 8~9월<br>- 발생부위: 가지, 열매<br>- 피해증상: 꼭지 부위 갈변 및 낙과 증상으로 수세가 상대적으로 약하고 과다 착과 극조생 온주밀감에서 발생 심함<br>- 방제방법: 병원균이 꽃받침 속에 잠복해 있다 발병이 좋은 환경(과다착과, 생리장해, 건조, 과습 등)에서 병 발생되므로 약제 방제보다 수세 등 환경관리가 중요 |
| 뿌리마름병 | 지상부 고사로 인한 낙엽 | 지제부 곰팡이 | - 주발생시기: 6~9월<br>- 발생부위: 잎, 뿌리<br>- 피해증상: 뿌리가 마르고 마른부위에 곰팡이 생성됨. 양·수분 이동 억제로 지상부 잎 낙엽 및 심하면 고사됨<br>- 방제방법: 착과량 조절 및 비배관리 등 평소 수세관리를 통한 예방이 중요하며, 약제 방제 효과가 없음 |

| 병명 | 피해증상 | 발생정보 |
|---|---|---|
| 배꼽썩음병 | 배꼽 부분 무름 / 과실 내 곰팡이 | - 주발생시기: 10~12월<br>- 발생부위: 열매<br>- 피해증상: 과피 무름 또는 증상이 없어도 열매 내부는 과심을 중심으로 썩어 들어가며, 과립까지 검게 됨<br>- 방제방법: 화주가 탈락한 부위에 병원균이 잠복해 있다 증상이 나타나므로 전년도 발생지는 낙화기에 적용약제 살포 |
| 수지병 | 지상부 수액 유출 / 감염주 고사 | - 주발생시기: 6~9월<br>- 발생부위: 가지, 뿌리<br>- 피해증상: 나무전체 또는 가지 부분이 고사하여 가지에 수액이 유출되고, 열매와 잎이 남아있는 채 말라버림<br>- 방제방법: 약제 방제보다 과다 결실, 수분스트레스 등으로 수세가 급격히 저하 되지 않게 관리 |
| 탄저병 | 탄저병으로 인한 열매 피해 증상 | - 주발생시기: 7~9월<br>- 발생부위: 열매<br>- 피해증상: 강한 햇빛으로 인해 파괴된 유포로부터 번식이 시작하여 병반이 급격히 확대되며, 함몰함<br>- 방제방법: 햇빛을 많이 받는 열매에는 차광천을 씌워 주는 것이 가장 효과적이며, 병에 걸린 열매는 제거함 |
| 바이로이드 | 대목 수피 벗겨짐 / 잎 황화 | - 주발생시기: 연중<br>- 발생부위: 잎<br>- 피해증상: 대목 수피가 벗겨지고 수세가 약화되어 생장 억제 및 잎 황화 및 낙엽<br>- 방제방법: 등록된 약제는 없으며, 접목 시 건전한 접수를 사용하고 전정가위 소독 철저 및 수세관리 (착과량 조절, 비배관리 등) 필요 |

▶ 약제 방제를 할 때는 반드시 해당 작물에 등록된 약제를 사용하고, 방제 약제는 농촌진흥청 '농약안전정보시스템(psis.rda.go.kr)' 확인할 수 있음

# 6. 단감

☐ 꽃눈분화

O C/N률(탄수화물과 질소의 비율)
- 꽃눈분화 형성에 관여하는 요인은 탄수화물과 질소의 비율과 관련이 큼
  · 질소 흡수가 많아도 탄수화물 생성이 따르지 못하면 생장은 약하고 결실도 좋지 않음
  · 질소 흡수가 충분하고 탄수화물 생성이 많으면 생장은 왕성하나 결실은 좋지 않음
  · 질소 흡수가 더욱 감소하고 체내에 탄수화물이 다량으로 집적할 때는 생장은 현저히 떨어지면서 결실도 좋지 않음

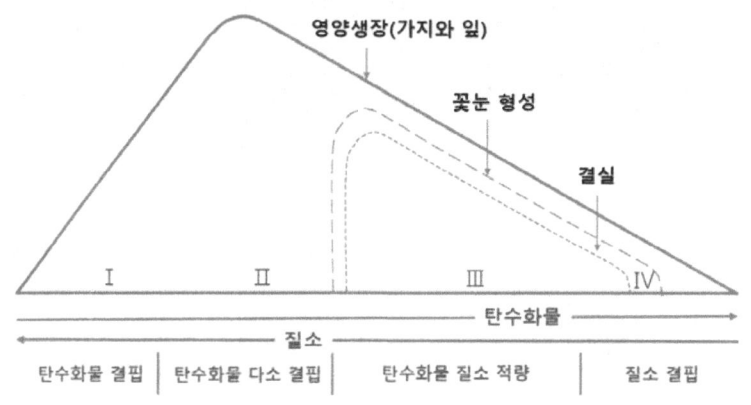

<C/N률(탄질비)과 꽃눈 형성>

☐ 꽃봉오리 솎기

O 감은 발아부터 개화 약 1개월 후까지가 과실 크기에 영향을 많이 미치는데, 다른 과수에 비해서 발아기부터 신초 정지기까지, 저장양분이 크기 때문임
- 따라서 대과를 생산하기 위해서는 꽃봉오리 솎기 작업을 철저히 실시하여야 함

- 꽃봉오리 솎기가 가능한 시기는 개화 전 약 1개월간으로 빠를수록 양분의 불필요한 소비가 적어짐
- 꽃봉오리 솎는 시기가 너무 빠르면 화기가 발육 도중에 있어 기형 꽃봉오리와 지연화기가 남게 되는 경우가 있으며, 새가지가 연약하여 작업 시 부러지기 쉬움
- 그리고 너무 늦으면 적뢰 효과가 줄어들고, 꽃가루가 굳어져 작업 능률이 저하됨

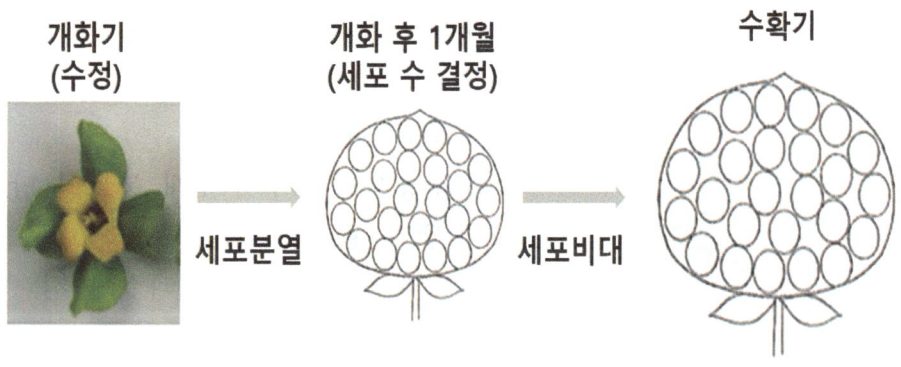

<감 수정 후 비대 모식도>

○ 꽃봉오리 솎는 방법(1)
- 안정된 수세의 '부유' 품종에서 결과지당 평균 1봉오리를 남기면 봉오리 당 엽수는 10매 정도가 되고, 생리적 낙과 후 엽과비(과실 1개당 잎 수)가 10~20 정도가 되게 조절함
- 길이 30cm 이상의 세력이 강한 결과지에 가지 당 1봉오리를 남기고 적뢰하면, 신초 신장 정지가 지연되어 생리적 낙과가 조장되고, 2차 생장지가 발생하기 쉬움
- 따라서 세력이 강한 가지는 2~3개의 꽃봉오리를 남기고 생리적 낙과가 종료된 후 적정 착과량으로 조절하는 것이 세력 유지에 좋음
- 또한 10cm 미만 길이의 신초 중에서도 아래로 향하거나, 잎 수가 5매 이하로 적은 약한 가지 과실은 생육이 좋지 않으므로 착과를 시키지 않는 편이 좋음

O 꽃봉오리 솎는 방법(2)

· 잎수 61개
· 화뢰 20개
· 꽃봉오리솎기 후 8개 봉오리 남김
　⇒ 엽과비 8
· 열매솎기 후 3~4개 과실 남김
　⇒ 엽과비 15~20

※둥근원 표시는 남기는 꽃봉오리

<세력이 강한 결과지 꽃봉오리 솎기 방법>

· 잎수 44개
· 화뢰 19개
· 꽃봉오리솎기 후 5개 봉오리 남김
　(빨간 원) ⇒ 엽과비 9
· 열매솎기 후 2~3개 과실 남김
　⇒ 엽과비 15~22

※둥근원 표시는 남기는 꽃봉오리

<세력이 적당한 결과지 꽃봉오리 솎기 방법>

· 잎수 28개
· 화뢰 12개
· 꽃봉오리솎기 후 3개 봉오리 남김
　⇒ 엽과비 9
· 열매솎기 후 1~2개 과실 남김
　⇒ 엽과비 14~28

※둥근원 표시는 남기는 꽃봉오리

<세력이 약한 결과지 꽃봉오리 솎기 방법>

O 꽃봉오리솎기 효과
- 과실 생장 촉진
· 수확 시 큰 과실과 작은 과실의 과육 세포 크기는 그다지 차이가 없지만, 세포 수는 큰 과실 쪽이 많음

- 그러므로 과실 크기는 과육 세포 크기보다는 그 수(數)에 의해 더 영향을 받는다고 볼 수 있음
- 과육 세포분열 기간은 개화 후 약 30일까지이지만, 양분이 부족하면 세포분열 기간이 짧아짐
- 봉오리솎기는 개화 전에 실시함으로써 과실로 분배되는 양분을 많게 하여 세포분열을 촉진함
- 생리적 낙과가 종료된 후에 하는 열매솎기는 과실 세포 수 증가에 효과가 거의 없음

- 해거리 방지
  - 감 꽃눈분화는 대개 개화 30일 후부터 시작하므로 그때까지 동화양분이 가지에 충분히 축적되어야 꽃눈분화가 원활하고 이듬해 해거리가 없어짐
  - 봉오리솎기를 하지 않고 열매솎기 위주로 착과량을 조절하면 가지에 양분 축적이 지연되어 꽃눈 분화수도 적어짐
  - 봉오리솎기는 가지 내 양분 축적을 좋게 하여 꽃눈 분화를 촉진시켜 해거리 방지에 효과적임

- 생리적 낙과 경감
  - 봉오리솎기는 과실 간 양분 경합을 줄여줌으로써 생리적 낙과를 감소시킴
  - 그러나 세력이 지나치게 강한 나무에서는 꽃봉오리솎기로 세력이 더 강해져 생리적 낙과가 증가할 수도 있음

- 수세 조절과 양분 흡수
  - 세력이 약한 나무에서는 꽃봉오리솎기를 일찍 하여 수세를 빨리 회복시킬 수 있음
  - 착과량이 많을수록 뿌리 생장이 감소하므로, 꽃봉오리솎기를 하여 나무 결실 부담을 일찍 줄이면 뿌리 활력과 양분 흡수가 좋아짐

- 봉오리솎기 전제 조건
  - 봉오리솎기 효과가 나타나기 위해서는 나무 세력이 너무 강하지 않아야 함

• 단위결과성이 약한 품종 과원에서는 과실이 잘 열리도록 수분수가 충분하고 벌의 수분 활동이 활발해야 함

〈세력이 양호한 결과모지(좌), 세력이 강한 결과모지(우)〉

〈지연화 (좌), 정상화(우)〉

- 정상 꽃봉오리 솎기가 끝난 후에도 지연화 꽃봉오리는 계속 제거함
- 지연화에서 맺힌 과실은 생리적 낙과가 적으므로 그냥 두면 정상 과실의 비대가 나빠짐

□ 병 방제
○ 둥근무늬낙엽병
 - 자낭포자가 비산하는 시기에 약제 방제가 이루어져야 함
 - 주로 6월 상순에 1차 방제를 하였으나, 최근 봄 기온이 높아 포자 비산이 5월 상·중순에도 발생이 많으므로 이 시기에 1차 방제를 놓치지 말아야 함
○ 흰가루병
 - 흰가루병은 5월부터 어린잎에 흑색 작은 반점이 형성되며, 병이 진전되면 서로 겹쳐 불규칙한 병반을 형성함
 - 초기 방제가 제대로 되지 않으면 여름철이나 가을에 심하게 발병할 위험이 많음
 - 특히, 비가 많이 오고 서늘한 날씨에 발병이 심해짐

## 7. 패션프루트(백향과)

☐ 아열대 작물 백향과 화분 매개 "뒤영벌 효과 있네"
   〈패션프루트〉

(보도자료: 2024.04.23. 농촌진흥청)

○ 국내 온실에서 재배하는 아열대 과수 중 두 번째로 재배면적*이 넓은 패션프루트(백향과). 농촌진흥청은 뒤영벌을 이용해 패션프루트를 착과시키는 방법을 개발해 소개했음
   * 2023년 시설 아열대 과수 재배면적: 망고 92.7 ha > 패션프루트 30.2 > 바나나 20.6 > 올리브 8.5
○ 패션프루트는 벌과 같은 화분 매개 곤충이 수술의 꽃가루를 암술에 묻혀주는 화분 매개 과정이 꼭 필요한 충매화임
○ 5월에서 6월 사이 늦은 오전(10시 이후)에 꽃이 피고 당일 저녁(20시)이면 지기 때문에 매일 낮 내내 수분 작업을 해야 안정적으로 생산할 수 있음
 - 국내에서는 여름 수확을 위해 패션프루트 꽃이 피는 5월에 사람이 일일이 꽃가루를 붓으로 묻혀주는 인공수분을 해왔음
 - 최근 들어 인건비가 증가하고 노동력이 감소하면서 수분 작업에 어려움을 겪고 있음
○ 이번에 개발한 '패션프루트 뒤영벌 이용 기술'은 수정 시기에 작물 재배면적과 나무가 심어진 밀도에 따라 뒤영벌 수를 조절해 투입하고 벌 활동 시간을 조절하는 것임
○ 적정밀도= 나무당 뒤영벌 4마리가 가장 효과적임
 - 비닐온실에 100그루 나무를 심었다면 100마리 벌무리(봉군) 4개를 사용함
 - 개화 기간 중 한 달에 1번 벌통을 교체함
○ 활동 조절= 꽃 암술은 낮 12시 이후 벌어지나 수술은 오전 10시부터 꽃가루가 나와 뒤영벌통 출입구를 낮 12시 열고 저녁 6시에 닫음

- 벌통을 연 채로 놔두면 벌이 꽃가루만 가져가므로 과일 생산이 줄어들 수 있음
○ 곁창(측창)망= 비닐온실 곁창에 망(간격 3~5mm)을 꼭 설치해 벌 유실을 막음
- 이때 그물코 너비가 너무 촘촘하면 바람이 통하지 않아 재배상 문제가 발생할 수 있으므로 주의함
○ 이 기술을 패션프루트 재배 농가에 적용한 결과, 그루당 착과 수가 인공수분보다 1.2배(51.9 → 61.5개)로 늘어 인공수분 완전 대체 가능성을 확인했음
- 인공수분을 뒤영벌 이용 기술로 완전히 대체하면, 수분에 드는 인건비를 10아르(a)당 360만 원 줄일 수 있음
○ 농촌진흥청은 연구 결과를 한국양봉학회지에 논문으로 게재했으며, 신속한 기술 보급을 위해 현장 실증연구를 진행할 계획임
- 농가 대상 영농기술 교육과 기술 지원을 늘려갈 예정임
○ 농촌진흥청 국립농업과학원은 "최근 아열대 작물의 재배면적이 늘어나면서 화분 매개 벌 적용 기술을 선제적으로 개발하고 있다."라며, "5월 패션프루트 수분 기간에 뒤영벌을 이용하면 인건비 걱정을 덜고 안정적으로 작물을 생산할 수 있다."라고 말했음

## 백향과에서 뒤영벌의 이용 효과

O 배경
- 한반도 기후 변화로 연평균 기온 상승 및 재배 기술 발달로 아열대 작물의 재배지역 증가
  · 국내 아열대 작물 재배면적: 322ha('21) → 333ha('22) (23, 원예원)
- 아열대 작물 중 백향과(패션프루트)는 착과를 위해 인공수분이 보편화되어 있으나, 일 개화량이 많고, 1~2개월의 착과기간 동안 매일 6시간 이상 인력으로 수분을 해야 하므로 노동력이 크게 요구됨
- 패션프루트의 수분 노동력 대체를 위하여 패션프루트의 착과를 위한 화분매개곤충의 적용 기술 필요

O 영농기술정보 개요
- 대상작물: 패션프루트 자색종(*Passiflora edulis*)
- 재배방식: 비닐하우스 연동 재배, 2,000㎡, 하수식
  ※ 화분매개곤충 밀도: 1통 / 360㎡, 망실설치
- 화분매개곤충: 서양뒤영벌(*Bumbus terrestris*)
  · 유효봉군밀도: 서양뒤영벌 일벌 4마리/나무
  · 방사 시기 및 기간: 꽃이 10% 개화시 벌통을 설치 후 1일 정도 안정화 후 방사, 약 2개월 정도 착과시킨 후 벌통을 제거
  · 곤충을 통한 수분 효과
    ① 인공수분과 같은 수준의 가지별 착과 수, 과실 크기 무게
    ② 3마리 이상/나무가 3마리 미만/밀도보다 착과수는 1.4배, 과실 무게는 6% 높음
  · 봉군관리
    ① 뒤영벌: 방사 1개월 이후 일벌의 수 감소로 인해 추가 봉군 투입 필요

○ 연구결과
- 방화활동수를 비교한 결과, 4마리/나무가 3마리 미만/나무보다 2.5배 방화활동을 하는 일벌의 수가 많았으며($p<0.05$), 화분을 수집하는 벌의 수는 1.9배 많았음($p>0.05$)
- 줄기에 달린 전체 착과수를 비교한 결과, 4마리/나무와 인공수분이 각각 47.3개 40.3개로 같은 수준이었으며, 3마리 미만/나무가 32.8로 가장 낮았음($p<0.05$)
- 수확물 특성 중 무게에서 인공수분과 4마리/나무는 같은 수준이었고, 3마리 미만/나무가 가장 낮았음. 그러나 종자수에서는 벌을 통한 수분이 인공수분보다 많았는데 특히 뒤영벌은 인공수분보다 1.1배 많았음
- 종자수와 과실 무게, 과육무게, 과육비율은 정의 상관관계를 가지므로 벌을 통한 수분이 인공수분보다 유리하다고 판단됨, 특히 뒤영벌의 수가 많은 4마리/나무가 3마리 미만/나무보다 더 많은 종자 수를 확보할 수 있으므로 화분매개에 더 효과적인 것으로 생각됨
⇒ 패션프루트에서 뒤영벌의 효과적인 밀도는 4마리/나무가 3마리 미만/나무보다 효과적으로 나타났음. 줄기 내 전체 착과수에서는 인공수분과 같은 수준의 착과수를 보이기 때문에, 인공수분을 대체 할 수 있을 것으로 판단됨

4마리/나무

3마리/나무

인공수분

<수확물 비교>

## 백향과 생산을 위한 뒤영벌 이용 지침

○ 백향과(패션프루트)의 특성
 - 장미목 시계꽃과 시계꽃속에 속하는 반목본성 다년생 덩굴식물
 - 패션프루트 품종: 자색종, 황색종, 교잡종
 - 재배방식: 하우스 재배 (줄기유인방법: 평덕형, T자형, 울타리형-하수식)
 - 패션프루트 재배면적 및 화분매개곤충 사용률('21): 11ha, 7.1%
○ 적용품종: 자색종
○ 이용 가능 곤충: 뒤영벌
○ 사용 가능 시기: 5월 중 순~7월 상순
○ 사용 기간: 2개월(개화기 중 1회 또는 2회 투입)
○ 투입 시기: 패션프루트꽃 개화 10% 정도 투입
○ 방사량: 온실 재배면적과 재식밀도가 다양하므로 재식 주수 당 밀도계산
 - 뒤영벌: 1봉군(120마리)/30주
○ 설치 방법
 - 봉군의 출구를 해가 있는 방향으로 방사 1~2일 전 설치하고, 30~100cm 높이의 받침대와 직사광선을 피하기 위해 봉군 지붕에 판자나 스티로폼 등으로 덮어줌

〈뒤영벌 봉군 설치〉　　〈뒤영벌의 방화활동〉　　〈착과된 패션프루트〉

○ 주의사항
 - 봉군사용
  · 뒤영벌 방화 활동은 새벽 5시부터 시작되므로 암술이 완전히 개화되기 전 수술의 꽃가루만 가져가는 현상으로 착과 불량이 생길 수 있어 벌의 출입구를 정오에 열어두고 저녁 7시 이후 출입구를 닫아주어야 함
  · 측창이나 천정으로 벌의 유실을 방지하기 위해 반드시 측창망을 설치할 필요가 있으나, 그물눈의 크기가 너무 작으면 바람이 잘 통하지 않아 작물에 생리적 장해가 올 수 있으므로 주의할 것
 - 시설 내부환경
  · 패션프루트 착과 기간은 5월에서 7월 사이로 비닐하우스 내부가 30℃ 이상 고온 환경이 지속되고, 착과 기간도 1개월 이상으로 고온에 의한 봉군 피해가 없도록 관리해야 함
  · 덩굴 유인 방법 중 평덕형보다 울타리형이나 T자형이 빛을 더욱 잘 받을 수 있어 벌의 사용이 유리함
  · 측창망 설치가 쉬운 단동하우스에서 뒤영벌의 사용이 유리함
 - 농약 안전관리
  · 개화기 전에 사용하는 살충제는 침투성 계열인 '네오니코티노이드계'는 되도록 피하며, 개화기 중에는 살충제 살포를 피함
  · 부득이하게 살충제 사용 시, 화분매개곤충에 위해가 적고, 약효 지속 기간이 짧은 농약을 선택함
  · 농약 살포 시 벌통 구멍을 막고 농약이 닿지 않는 창고에 두거나, 거적을 덮어두며, 살포 시 봉군을 수거하여 선선한 곳에 보관하고 2~3일 후에 재투입함(뒤영벌 보관 시 화분 투입 필요: 한 티스푼/1~2일)
○ 화분매개 종료 후 관리
 - 재사용 불가, 폐기 원칙

# Ⅲ. 화 훼

## 1. 국 화

□ 번식방법
  ○ 삽목번식
   - 모주 관리
    · 국화 번식의 주된 방법은 삽목이며, 모주는 노지에서 관리하여 겨울 저온에 충분히 감응시키는 편이 본포에서의 생육이나 개화에 좋은 결과를 나타냄
    · 따라서 11~12월에 개화한 모주를 12~1월에 심는 방법이 보통임
    · 모주 관리의 주의 사항으로는 첫째 비배 관리를 철저히 하고 10a당 10kg(기비 5kg) 정도, 질소 과다 시 삽수의 발근 불량, 삽수 냉장 시 부패가 우려되며, 부족하면 냉장 중 잎이 황화하고 발근이 나쁨, 둘째는 흰녹병, 진딧물, 응애, 총채벌레 등 병해충 방제를 철저히 하며 토양 소독도 실시함, 셋째 삽수는 적심 2회째가 가장 충실하고 균일한 삽수가 얻어지기 때문에 2회 적심을 기본으로 하고 3회까지 채취함
   - 삽수 및 용토
    · 삽목은 정아삽을 원칙으로 하고 삽수는 전개엽을 3매 정도 붙인 길이 5~6cm 정도의 것이 적당함
    · 발근 촉진제로는 루톤과 옥시베른이 있고 삽목상은 마사토나 강모래를 이용하여 깊이가 10cm 정도 되게 하지만, 요즈음은 펄라이트와 피트모스를 혼합한 플러그 트레이를 많이 이용하고 있음
   - 삽목과 환경 관리
    · 삽목상 온도는 20℃ 내외가 적당하고 삽목 후에는 충분히 관수한 후 한랭사로 차광하여 건조를 방지함
    · 고온 다습한 6~7월에는 삽목 중 부패하기 쉬우므로 벤레이트액에 30초간 적시어 삽목함
    · 삽목 후 1주가 지나면 삽수 전체가 시드는 위조 현상을 보이고, 10일 정도 지나 뿌리가 내리기 시작하면 회복됨

- 뿌리가 내리기 시작하면 한번 충분히 물을 주고 바람을 통하게 하면서 서서히 광선에 노출해 순화시킴
- 삽목하여 정식까지는 14~16일 정도 걸리지만, 그 이상 길게 두면 묘가 노화하거나 눈의 선단이 부패함
- 정식 적기는 토양이나 모래에 삽목한 경우 뿌리 길이가 1.5cm 정도 되거나 암면(Rock wool)이나 토양 블록(Soil block)에서는 밖으로 뿌리가 보이기 시작한 때임

○ 동지아 번식
- 하국의 육묘 방법은 작형에 따라 달라지며, 3~6월에 출하하는 작형에서는 동지아 묘를 주로 이용하고, 7월 이후 출하 작형에는 삽아묘를 이용하는 것이 보통임
- 동지아 발생
  - 동지아(흡지)의 발생은 지온 20℃ 정도가 적당하고 30℃에서는 매우 늦어지나 형태적으로도 고온기에 발생한 동지아는 땅속을 옆으로 포복하여 길게 신장하고 반대로 저온기에 발생한 동지아는 직립에 가까운 형으로 신장함
  - 자연 발생하는 동지아를 이용할 때 대부분은 10월경에 발생하게 되는데 이러한 동지아는 여름 고온을 받은 후 형성되고 저온처리를 해야만 촉성재배에 이용할 수 있음
- 동지아 양성
  - 모주의 정식 시기는 4월경이며, 절화 후의 모주를 사용할 경우는 새줄기가 2~3개로 붙도록 분주하고 지상부는 10cm 높이에서 절단하고 4주 후에 다시 자르면 새줄기가 많이 발생함
  - 모주가 많으면 봄부터 모주를 관리하지 않고 개화한 후 모주를 절단하여 새순을 받고 8월에 바로 삽목하여 9월에 포장에 정식함
  - 활착되면 적심하게 되는데 이때 측지가 발생하는 시기가 9월 하순 무렵이므로 왕성하게 신장하지 못하고 로제트상을 나타냄

- 따라서 지하부의 동지아도 발생하는데 10월 하순경에는 제 모양을 갖추며, 중부 지방에서는 이 동지아를 12월 상순까지 노지에서 자연 저온을 받게 한 다음 촉성재배에 이용함
- 남부 지역에서는 동계에 촉성재배를 하는 것이 적합하나 자체 양성묘는 12월 상순까지도 저온을 충분히 받지 못하므로 고랭지에서 저온처리를 하고, 5℃ 이하의 온도를 25~30일간 받게 하면 동지아가 충분히 휴면이 타파되므로 촉성재배에 이용할 수 있음

○ 에세폰 처리 육묘
- 에세폰 처리 육묘에는 두 가지 목적이 있으며, 하나는 절단과 동시에 에세폰 500~1,000ppm을 살포해서 측지의 화아분화를 억제하여 건전한 삽수를 확보하는 것으로 육묘상에서 모주의 생육이 왕성해 동지아의 발생이 많음
- 12월 중순 이후의 가온 재배에서는 자연 상태에서 충분히 저온을 받기 때문에 문제는 없음
- 또 하나는 절단 후 에세폰 500ppm을 1주 간격으로 3회 살포해서 발생하는 측지를 로제트화하는 방법으로 꽃눈은 생기지 않지만, 휴면이 기므로 1~3℃에서 40일간 삽수 냉장을 해서 로제트를 타파시킨 후 삽목함
- 지온을 20~23℃로 보온하면 15일이면 발근함
- 삽수를 그대로 신장시키면 추국 무 적심 재배와 같은 형태가 됨

## 차광재배

○ 차광재배란
- 가을에 개화하는 추국을 이용하여 여름에 인위적으로 단일처리(암막시설)를 하여 개화를 앞당기는 재배 방법임
- 하국 또는 7~8월 국화의 자연재배와 억제재배와 경합은 되나 추국에 좋은 품종들이 많아 시설의 개선, 자동화와 함께 증가할 전망임

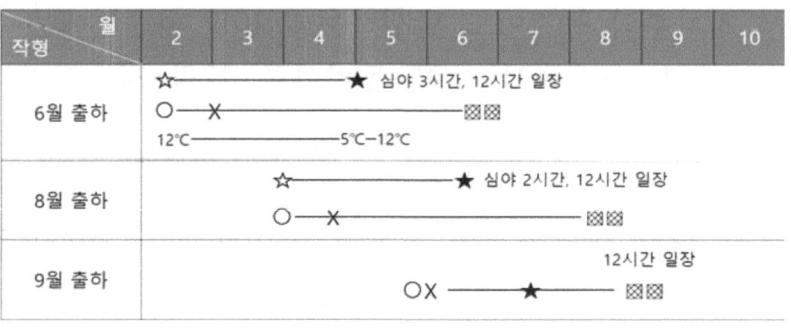

☆ 전조개시, ★ 전조종료와 차광, ○ 정식, × 적심, ▨ 개화
〈차광 재배 작형〉

○ 차광재배의 육묘
- 하추국 재배와 유사하게 동지아 묘를 양성하며 8월에 삽목하여 9월에 노지에 정식한 다음 1회 적심하여 동지아를 발생시킴
- 12월 중순에 주를 캐어 동지아를 하나씩 나누어 15℃의 온실에서 삽목, 즉 동지아를 발생시켜 저온을 충분히 받게 하고 그 정단부를 삽수로 이용하는 것임

○ 차광재배 품종
- 차광재배에서는 주간 35℃, 야간 25℃ 이상의 고온이 많이 나타나므로 내서성이 부족한 품종에서는 기형화와 버들눈의 발생이 많고 개화 소요일수가 길어짐
- 7월 개화 작형에서는 차광 후 60일 정도면 대부분 개화하나, 8월 개화 작형에서는 개화억제가 심한 경우가 많고, 9월에는 화아발달이 순조롭게 되어 55일 이내에 개화함
- 스탠더드 국화의 차광재배 대표 품종은 '명문'(名門, 황, 백)이 있으며, '금환부사', '천수', '수방력', '수방심' 등도 이용됨
- 국산 스프레이 품종의 고온기 개화반응의 경우 단일처리 기간이 짧은 품종에는 6주인 '슈가크림'과 6.5주인 '마니또'가 있고, 중간(7주)인 품종에는 '필드그린', '그린다이아몬드', '새보미', '보드미', '허니핑크', '스노우센스', '스노우드림' 등이 있음

- (영농활용, 2016. 국립원예특작과학원) '그린드림', '그린파스타', '신명', '오블랑' 등은 단일처리 기간이 7.5주에서 8주임
○ 일장 처리
- 5~6월 출하 작형에서는 정식과 동시에 전조를 시작 5월 출하는 심야 4시간, 6월 출하는 3시간 전조함
- 9월 출하 작형에서는 영양생장을 위한 전등 조명이 필요 없어 소등과 동시에 차광하고, 고온기에는 화아분화 속도가 빠르므로 초장을 충분히 확보하기 위해서는 초장을 40~50cm까지 확보한 후 차광함
· 일장은 12시간으로 하고 화아분화기에는 15~17℃의 야간온도를 병행하여 처리하면 차광 후 50~55일 정도의 짧은 기간에 절화 가능
· 차광막 내 광도는 10Lux 이하로 하며 꽃잎이 착색될 때까지 계속함
- 스프레이 국화의 일본 수출을 위한 오봉절 출하는 5월 29일경에 단일처리하고, 추분절은 7월 15일경에 단일처리 함(영농활용, 충남도원, 2014). 성장세력이 빠른 '예스루나', '레오파드' 품종은 정식 4주 후 처리해도 수출 규격 생산이 가능하지만, 성장세력이 늦은 '예스미키', '예스코러스' 품종은 수출 규격품 생산을 위해 정식 6주 후에 단일처리해야 수출 규격품 비율이 증가했음
· 정식 4주 후 단일처리 시 '예스루나', '레오파드'의 절화장이 80cm 이상 확보되었으며 개화소요일수는 59~66일이었음
- 일본 수출 등의 목적으로 9월 상순에 개화시킬 때 여름철 야간 온도 상승으로 인하여 개화가 지연될 수 있음
- 계획한 날짜에 균일하게 개화하도록 하려면 품종에 맞게 적정시간 동안 차광을 하는 것이 좋음
- 스프레이 국화인 '예스루비', '퍼펙트', '펄키스타'의 경우 13시간 (18:00~07:00)의 단일처리를 하면 개화까지 63~66일이 소요되어 14시간(18:00~08:00) 단일처리보다 개화소요일수가 6~8일 단축됨 (영농활용, 2020. 충청남도농업기술원)

○ 온도관리
- 고온이 염려되는 시기이므로 환기나 차광막내 온도상승에 각별히 주의하고, '명문' 품종의 경우 고온장해를 잘 받지 않지만, 정상적인 생육온도는 야간 15~17℃, 주간 25℃ 부근의 전형적인 조생추국임
  · '천수', '수방력', '금환부사' 등은 고온기에 개화 지연이 심함
- 스프레이 국화를 차광할 때는 화아분화기뿐만 아니라 영양 생장기에도 온도를 16℃ 내외로 조절해 주어야 생장이 순조롭고 고온성인 '명문' 품종은 저온에서 신장성이 나빠 조기 차광재배에서 고소로제트를 일으키기 쉬움

□ 고온기 국화 직삽재배 성공률 상승을 위한 전처리 시 발근제 처리 방법 개발  (영농활용: 2022. 충청남도농업기술원)
○ 배경
- 인건비와 농자재값 상승으로 인해 직삽재배방법 활용 농가 증가하는 추세
- 고온기 국화 삽수 절단부의 캘러스 형성 및 부정근 발생 촉진을 통한 직삽재배 성공률을 상승시키기 위해 전처리 시 발근제 처리 방법 개발
○ 활용 방법
- 삽수 길이 8cm, 완전 전개엽 4매, 저온 저장기간 10일
- 삽수 저온저장 후 살균제 1,000배액과 발근제 IBA 500mg · L-1 10초 침지
- 전처리 환경조건 온도 20℃, 습도 60% 이상, 광 $1,000 \mu mol \cdot m^{-2} \cdot s^{-1}$ 에서 7일간 전처리
- 전처리 후 직삽하고 투명비닐로 멀칭 및 밀폐한 후 점적관수를 이용하여 습도 80% 이상 유지, 5~6일 후 뿌리 활착
- 삽수 전처리 시 발근제 처리의 발근 효과

 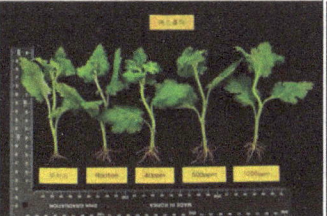 

　　　　＜예스루비＞　　　　＜예스홀릭＞　　　　＜펄키스타＞

○ 기대효과
- 고온기 재배기간 약 2주 정도 단축할 수 있으며 삽수의 뿌리활착 증진으로 연중 균일한 절화 국화 생산 가능
- 육묘 생산 기간 단축으로 노동력 및 농자재 구입 비용을 50% 이상 절감 가능

□ 우리 국화 '백강' 지역 맞춤 기술로 보급 늘고, 수출길 활짝

(보도자료: 2025.03.13. 농촌진흥청)

○ 농촌진흥청은 우리나라 대표 국화 품종인 '백강'이 지역 맞춤 스마트 재배기술 적용에 힘입어 내수 시장은 물론 수출도 안정화되고 있다고 밝혔음

＜부산지역 '백강' 재배 단지＞

○ 농촌진흥청은 3월 13일 부산에 자리한 '백강' 재배·수출 농가를 방문, 우리 국화 생산기반 확대를 위해 추진 중인 기술보급 블렌딩 협력 모델시범사업* 현황을 점검하고 현장 의견을 들었음

　* 농촌진흥청의 기술보급 블렌딩 협력 모델시범사업은 지역의 전략작목 육성, 현안 해결 등을 위해 농업기술센터가 주관이 되어 기술보급사업, 연구사업, 민간 기술을 연계하여 네트워크형으로 기술보급을 추진하는 사업임

○ '백강(2015년 개발)'은 우리나라 최초로 개발한 흰녹병* 저항성 국화 품종으로 꽃 색이 깨끗하고 꽃잎이 잘 빠지지 않는 데다, 자른 꽃(절화) 수명이 3~4주로 길어 수출용으로 알맞음

○ 특히, 겨울철 재배온도(18℃)가 기존 품종보다 2℃ 정도 낮고, 병 방제 비용도 덜 드는 등 재배 면에서 유리함
  * 국화 재배 시 가장 문제가 되는 병으로 잎 앞면에 황색 점무늬가 발생해 상품성을 떨어뜨림. 국제 검역 병해로 수출 제한 요인이 됨
○ 농촌진흥청과 부산광역시농업기술센터는 지난해부터 기술보급 블렌딩 협력 모델시범사업을 통해 '백강'의 재배 기술 정립과 수출 시범 단지육성 등 생산기반 확대에 힘쓰고 있음
○ 농촌진흥청은 부산 시범단지에 적정 빛 가림 시간과 생장조절제 처리, 예비 냉장 등 재배와 수확 후 관리기술을 보급하고 있음
○ 2021년 3곳에 불과했던 부산의 '백강' 재배 농가는 현재 15곳, 재배 면적은 1.1ha에서 5.9ha로 약 5.4배 늘었음
○ '백강'이 내수 시장에서 가격 경쟁력을 갖추고, 일본 수출이 안정적으로 이뤄지면서 전국 재배 면적은 2021년 3ha에서 2024년 18.3ha로 꾸준히 증가하고 있음
○ 부산에서 스마트 재배 기술로 '백강'을 재배하는 한 농가는 "'백강'은 흰녹병 발생 걱정이 없고 시장 선호도가 높아 내수 판매뿐 아니라 수출용으로도 만족스럽다."라며 "자동 양·수분 관리로 최상급 꽃 비율이 늘면서 소득 증가에 대한 기대감이 높아지고 있다."라고 말했음
○ 농촌진흥청은 "국산 국화 품종의 경쟁력을 강화하고 국내외 시장 점유율을 확대하기 위해서는 우수한 품종 개발뿐 아니라, 재배 효율을 높일 수 있는 스마트 농업 기술과 체계적인 수출 전략이 함께 만들어져야 한다."라며 "부산에서의 기술보급 블렌딩 협력 시범사업 사례를 모델로 삼아 고품질 국화 생산 시스템 보급을 전국으로 확대하는 한편, 안정적인 판로 확보에도 지원을 아끼지 않겠다."라고 말했음

# 2. 카네이션

## ☐ 적심(순지르기)

○ 카네이션의 순지르기는 가지의 수를 많게 하고 개화기 조절을 위해 육묘 중이나 정식 후에 1회 실시

○ 1회 순지르기는 분지 수의 증가가 주목적이 되고, 2차 순지르기는 개화기 조절 목적으로 시행하는 경우가 많음

- 순지르는 위치
· 1차 순지르기는 줄기가 자라 5~6마디 정도가 되면 하지만 품종의 곁가지 발생 정도에 따라 순지르는 위치를 조절함
· 분지력(가지 뻗는 힘)이 왕성한 것은 낮은 마디에서 순을 지르고, 분지력이 낮은 것은 높은 마디에서 순을 자름
· 생장점에 가까운 부위를 제거하면 되지만 작업의 효율이 떨어지므로 손으로 새잎을 포함한 최상부의 마디를 절단함

- 순지르는 방법
· 1회, 1회 반, 2회 순지르기의 3가지 방법이 있음
· 1회 순지르기는 3~4개의 분지를 확보하고 빨리 개화시키기 위해 실시함
· 1차 분지된 가지가 개화된 후 2차 개화까지 오랜 기간이 걸리고, 2차 개화가 특정한 시기에 집중되며, 그 이후의 개화 지연 등에 영향을 줌

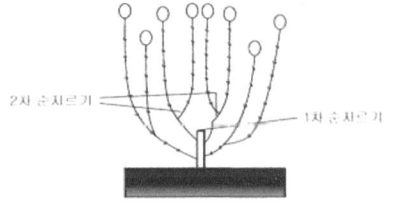

〈1회반 순지르는 방법〉

· 조생 계통의 경우 다음 개화까지의 기간이 짧아서 절화 횟수가 많은 1회 순지르기법을 많이 이용함
· 직접 정식하는 경우 5마디 순지르기를 기준으로 순지르는 시기가 3~4주 늦어지면 개화가 1개월 이상 늦어지기 때문에 1차 순지르기는 늦어도 1개월 이내에 하는 것이 좋음

· 순을 지른 후 개화는 곁가지의 발생에 따라 약 10일 정도의 개화 차이가 생기며, 1회 반 순지르기법은 1회 순을 지른 후 3~4본의 곁가지가 발생하면 생육이 왕성한 1~2개의 가지를 다시 순지르는 방법으로 1회 순지르기에서 1번화와 2번화 사이의 절화 기간을 단축하고 절화시기를 분산하는데 목적이 있음
· 낮은 마디(4~5)의 순지르기는 높은 마디(6~7)의 순지르기에 비해 개화는 빠른 편이나 절화의 꽃대 길이가 짧은 경향이 있음
· 2회 순지르기법은 1회 및 1회 반 순지르기보다 개화 시기가 늦어지고 곁가지가 많아져 과번무 되어 품질에 나쁜 영향을 주는 경우가 많음
· 이 순지르기법은 '코랄' 등 만생계 품종에 이용되는 경우가 많고, 이 경우 2회 순지르기 위치는 5마디 정도에서 함

## □ 전등 조명 시기 및 효과

O 전등 조명 시기
- 장일은 카네이션 꽃눈분화와 발달 초기에만 촉진 작용을 하므로 전등 조명은 꽃눈분화기 이전에 시작하는 것이 좋음
- 꽃눈분화기는 보통 7~9쌍의 잎이 전개된 무렵이며, 전등 조명 개시 적기는 5쌍의 잎이 나왔을 때 또는 그보다 조금 전에 하는 것이 좋음
- 보통 10~12쌍의 잎이 전개되었을 무렵에 소등하지만 적어도 꽃봉오리 출현이 확인되면 소등함
- 전등 조명 일수는 20일 정도면 된다고 하지만 실용적으로는 30~50일 정도가 적당함

O 전등 조명 방법
- 저녁부터 조명하여 주간의 자연 일장과 합하여 16시간 조명하며, 실용적으로는 해 질 무렵부터 밤 10시(22시)까지 조명하면 좋음
- 3~4시간의 암기 중단(심야 전등 조명 22~02시)에서도 개화 촉진 효과는 있으며, 전등 조명의 조도는 약 50Lux 정도로 하면 되고,

100W 백열등 또는 50W, 75W 백열등을 10㎡당 1등씩 식물체로부터 1.0~1.5m 위에 설치함

○ 전등 조명 효과
- 전등 조명 처리 시기에 따른 개화 소요 일수는 전등 조명을 해진 후부터 자정까지 60일간 실시하면 적심 20일 후부터(측지 길이 15cm 정도) 전등 조명한 곳이 전등 조명을 해주지 않은 곳에 비하여 개화가 19~26일 단축되었고, 적심 80일 후부터(꽃봉오리 나오기 시작하는 시기) 전등 조명을 시작한 곳은 최대 6.5일 정도 개화가 단축되었음
- 꽃봉오리가 나오기 시작한 이후부터는 전등 조명 효과가 거의 없고, 곁눈이 어느 정도 자란 이후부터 꽃봉오리가 나오기 시작하는 시기까지 50일 정도 하는 것이 좋았음
- 적심 후 바로 전등 조명을 시작하면 측지 발생이 줄어들어 수량이 감소하므로 곁눈이 충분히 나온 이후부터 전등 조명을 시작하는 것이 좋음

○ 야간 온도에 따른 전등 조명 효과
- 카네이션의 야간 온도 관리는 대부분의 농가는 10℃ 전후로 관리하는데 야간 온도가 높을수록 개화는 빨라졌고 전등 조명 효과 또한 야간 온도가 높을수록 더 크게 나타남
  · 야간 온도를 18℃로 관리하고 전등 조명을 한 경우 개화 소요 일수가 161일로 전등 조명을 하지 않았을 때 191일에 비하여 30일 개화가 촉진되었으나, 야간 온도를 3℃로 관리하고 전등 조명을 한 경우에는 10일 정도 개화가 앞당겨졌음
  · 야간 온도가 높을수록 개화는 빨라졌지만 18℃와 같이 지나친 고온은 꽃대가 짧고 줄기가 연약하여 품질이 떨어졌음
  · 반면 8℃로 야간 온도를 관리하고 전등 조명을 해준 경우 전등 조명을 하지 않고 18℃로 온도를 관리한 경우보다 개화가 3일 앞당겨

졌으며, 이것으로 보아 지금까지 개화를 앞당기기 위해 온도만 높여 관리한 농가에서는 적정 온도를 유지해주고 전등 조명을 하는 것이 연료비를 절약하면서도 개화를 효과적으로 앞당기는 방법이라 할 수 있음
- 그러나 지나치게 낮게(4℃ 이하) 온도를 관리하면 개화가 지연되고 꽃 색이 제대로 나오지 않으며, 꽃받침 터짐(악할, 鄂割) 발생이 심한 품종은 주야간 온도차가 커지게 되면 꽃받침 터짐 발생이 많아질 수 있으니 주의가 요구됨
- 따라서 9월 정식 작형의 경우 9월 5일 전에 정식을 마치고 야간 온도를 8℃ 전후로 관리하면 전등 조명을 하지 않아도 대부분 꽃을 어버이날 이전에 수확할 수 있음
- 정식이 조금 늦어지면 겨울철에 온도를 높여 개화를 촉진하기보다 전등 조명을 하여 꽃봉오리가 나오는 시기를 앞당기고 1~2월 혹한기에는 온도를 8℃ 정도로 낮추어 관리하면 개화 지연이나 품질이 떨어지는 일이 없이 재배할 수 있음
- 또한 카네이션은 꽃봉오리가 나오고 나서 꽃이 필 때까지는 전등 조명 처리의 효과가 거의 없고 온도에 의해 개화가 촉진되므로 품종 특성이나 출하 시기를 고려하여 야간 온도를 6~12℃ 정도로 관리함

## 3. 철쭉

□ 생육 습성
  ○ 일반적인 재배조건하에 있어서 분화철쭉과 구루메철쭉 등의 신초는 4~5월에 신장을 시작하며, 이 시기는 조생품종의 경우에는 개화 후, 만생품종에서는 개화기 전에 해당함
  ○ 신초는 약 2개월 동안에 충실해지지만, 이 시기에는 선단부 부근의 절간이 거의 신장하지 않게 되고 전개하는 잎은 소형이 됨
  ○ 잎은 얼마 후 포엽, 그리고 나서는 인편상으로 되어 경정을 감싸고 정아를 형성함
   - 이 정아 가운데 2~3개의 소화를 갖는 화서가 형성되며, 일본에서 화아 창시*기는 조생 품종의 경우 6~7월이고, 중·만생 품종에서는 7~8월이 됨
   *영양생장 중인 식물의 생장점이 형태적으로 처음 생식생장 형태로 바뀌는 현상
   - 10월까지는 화분과 배주가 분화하여 각 소화가 완성됨
    · 단, 이것은 적심을 하지 않은 경우임
   - 일반적인 재배조건하에서 철쭉의 신초는 4~5월에 신장을 시작하여 약 2개월 동안에 충실해짐
    · 이 시기에는 선단부 부근 절간이 거의 신장하지 않게 되고 전개하는 잎은 소형이 되며 얼마 후 인편상의 포엽으로 되어 경정을 감싸고 화아를 형성함
    · 화아 속에는 2~4개의 소화가 만들어져 화아가 형성되고 여름부터 꽃받침, 꽃잎, 수술, 암술이 분화하고 10월까지는 화분과 배주가 분화하여 각 소화가 완성됨

□ 온도 및 일장과 화아 형성
  ○ 철쭉의 화아형성 요인에는 온도, 일장, 생장억제물질, 신초 생육 기간 등이 화아형성에 영향을 주는 것으로 밝혀졌으며, 철쭉에 대해서 조사된 바로는 온도가 화아형성에 가장 강하게 영향을 줌

- 즉 화아형성은 고온에서 촉진되고, 저온에서 억제됨
- 화아형성을 할 수 있는 하한온도는 12℃ 전후이고 12℃ 이상 특히 15℃ 이상이면 거의 모든 품종의 화아 창시가 가능하게 됨
  · 화아 창시 적온은 20~27℃로 생각되고, 이 범위에서는 항온보다도 야온이 4~6℃ 낮은 편이 좋음
  · 화아 창시 가능한 상한온도는 분명하지 않지만 25℃ 이상에서 화아 창시가 늦어지는 경우가 있음
  · 화아형성이 진행됨에 따라 화아형성을 위한 적온은 낮아지는 것으로 생각됨
  · 구루메철쭉에서도 화아 창시는 25℃에서 빠르지만 화아형성은 20℃ 이하에서 빠르고, 25℃에서는 저해된다고 함
  · 이와 같이 화아형성에 대한 온도의 영향은 분명하지만, 일장의 영향에 대해서는 불분명한 점이 많음
  · 분화철쭉과 구루메철쭉에는 신초가 충실해지면 화아 창시하는 성질이 있어 단일이 화아형성에 직접 관련하고 있다고 하기는 곤란함
- 단일은 왜화제의 작용과 같이 신초의 도장을 억제하여 신초의 충실을 촉진해 간접적으로 화아형성을 촉진하는 것 같음
○ 왜화제와 화아형성
- 철쭉류의 화아형성 단계는 생장점이 비대하고, 배주 형성, 소화 발달, 수술·암술 발달, 꽃잎 발달, 꽃받침, 꽃잎 형성순서임
- 화아형성에 대한 왜화제의 효과가 조사되어, SADH (B-9)의 여러 가지 왜화제의 처리에 의해서도 화아형성이 촉진된다고 하는 것이 확인되었음
- 최근 개발된 트리아졸 S-07(*Uniconazole*)은 특히 효과가 높은 것으로 알려져 있음
- 분화철쭉과 구루메철쭉의 화아 창시가 신초의 충실과 밀접하게 관련되어 있으므로 왜화제는 신장억제에 의해서 신초를 충실하게 하고 그 결과로써 화아 창시가 촉진되는 것으로 생각됨

- 이상과 같이 왜화제는 철쭉류의 화아 창시를 촉진하지만, 조건에 따라서는 그 후의 화아형성을 억제하고 또한 개화를 지연시키는 예도 있음
○ 개화를 위한 저온 요구
- 분화철쭉 '레드윙'과 '안부러시아나' 등 품종 대부분은 화아완성 후 14℃ 이상의 온실에 두어도 정상적으로 개화함
- 그러나 그 외의 품종은 화아완성기(화분·배주형성기) 이후에 0~12℃의 저온을 겪어야 비로소 개화할 수 있게 됨
- 개화를 위한 저온 요구가 충족되기 위해서는 적온(거의 4~7℃)에서 20~40일, 이것보다 고온에서는 더 장기간의 저온이 필요하게 됨
- 다른 철쭉류에도 이처럼 장기간의 저온을 요구하는 것이 많음
- 어떠한 경우에서도 저온은 화아성숙에 유효하게 작용하는 것으로 생각되지만, 저온요구를 충족하는 온도가 비교적 높아 실제로는 화분·배주 충실의 적온으로서 작용함
- 저온요구량은 일반적으로 조생품종은 적지만, 만생품종은 많음
- 따라서 실외로부터 온실에 반입하여 촉성한 경우에도 조생품종은 만생품종에 비해서 일찍 개화하게 됨
- 12월 상·중순부터 조기촉성 재배에 조생품종이 이용되고 있는 것은 이러한 이유 때문임

## 개화 조절

○ 봄부터 가을까지 실외에서 재배한 식물체는 화아의 저온 요구가 충족되어 있으면, 15~20℃로 가온하는 것만으로도 개화함
- 그래서 일반의 촉성재배에서는 가온 시기를 조절함으로써 개화를 조절하고 있음
- 개화 시는 당연히 입실 시기가 **빠를수록 빨라지지만** 자연 조건하에서는 저온 요구가 충족되는 시기가 그해의 기후에 따라 다르므로 입실 가능한 한계(조기 한계)는 매년 달라짐

- 원래 일본에서는 안전한 입실 가능 시기는 거의 정해져 있으며 조생품종은 12월 상·중순, 중생품종은 12월 하순, 만생품종은 1월 하순경임
• 이보다 빨리 입실하려고 하면 인위적으로 저온 요구를 충족시켜 주어야 함
- 철쭉류는 꽃눈 발달 후 저온기를 경과하면 개화가 쉽게 촉진됨
• 그러나 이는 종류에 따라 차이가 있고, 대체로 많은 품종은 저온처리 없이도 개화함
- 저온요구 온도는 0~12℃에서 효과가 있는데, 알맞은 온도는 4~7℃ 정도이고 저온처리 기간은 보통 30일 전후이지만 품종에 따라서 40일 전후라야 좋은 품종도 있음
- 꽃눈은 암수술이 발달하여 화분·배주가 분화한 시기 이후에 처리해야 좋음
- 저온은 내생(內生)지베렐린 생성을 촉진하고 꽃눈 호흡을 촉진함
- 8~10℃에서 6주간 처리하면 휴면이 타파됨
- 개화조절 단계별 환경 요구도는 분화철쭉인 경우 중부지방에선 11월까지 자연 저온상태에 두고 시설 내는 자연환기가 잘되도록 하여 고온이 되지 않도록 해야 함
- 실제의 저온처리에 있어서는 대부분 품종의 평균저온 요구량을 30~40일로 보고, 화아의 자연저온(10℃ 이하) 노출량을 고려함
- 그다음에는 건조하지 않도록 주의하면서 5~10℃의 냉장고에 두고 암흑상태에서의 냉장은 온도가 높을수록 또한 기간이 길수록 낙엽이 발생하기 쉬우므로 5℃ 이상, 그리고 3주 이상 냉장에서는 낙엽방지를 위한 조명이 제안되고 있어 조명은 약 100lux에서 10시간으로 함
- 단, 구루메철쭉은 낙엽이 생겨도 별로 문제가 되지 않기 때문에 건조하지 않도록 하는 것이 중요함

- 냉장 온도는 7~10℃가 적온이지만 0~5℃ 이하에서는 개화가 약간 지연되나 낙엽은 발생하지 않음
- 따라서 촉성을 위해서는 2℃ 전후에서의 냉장도 하여지고 있음
- 입실 후에는 13~20℃ 정도로 가온하지만 화아가 충분하게 발달해 있지 않은 경우와 저온요구가 완전히 충족되지 않은 경우, 또는 GA 처리만으로 촉성할 때는 18~20℃ 이상이 필요함
- 그리고 다른 화목의 경우와 마찬가지로 촉성시기가 늦을수록 촉성 온도는 낮아도 좋음
- 충분한 온도조건 하에서의 촉성기간(입실로부터 개화까지)은 조기에는 조생 품종 30~40일, 중·만생 품종 50~60일 정도이지만, 입실 시기가 늦고 화아 발달이 진행되고 저온이 충족되어 있으면 조기의 반 정도 또는 그보다 단기간에서도 촉성됨
- 이상과는 별도로 단일처리와 감광에 의한 촉성법이 있음
- 앞에서 설명한 바와 같이 단일은 아잘레아와 구루메철쭉의 화아 형성을 촉진함

□ 개화기 조절의 실제
○ 일반적으로 온대산 화목류는 자연 저온처리를 하였다가 온실에 입실하여 촉성하는데 연중 재배용 품종을 이용하면 연중 개화가 가능함
○ 꽃눈형성의 유도
- 6월 하순~8월 중순의 고온기에 하며, 조생종은 꽃눈분화도 빠름
- 하계 고온기에 40~50% 정도 차광하면 낮에 너무 고온이 되는 것을 막고 꽃눈 발달을 촉진할 수 있음
○ 저온처리의 실제
- 왜진달래 교배종(구루메형)은 10℃ 전후에서 4주간, 인디카 교배종은 6주간의 저온처리가 좋음

- 자연저온 타파기간은 지역에 따라 차가 있으나, 난지에서는 12월 하순까지 저온처리를 시킬 필요가 있음
- 입실 후 실내온도가 높으면 다소 저온처리가 부족해도 개화하지만, 촉성온도가 낮은 경우에는 충분히 저온처리가 안 되면 양호한 개화가 되지 않음

○ 광(光) 관리
- 7~8월 고온기에 99% 이상 강한 차광상태에서 60일 정도 차광해 둔 후 다시 충분한 광 조건에 두면 개화가 좋음
- 광은 분화철쭉의 꽃눈 휴면타파에 반대작용을 함

○ 개화기 조절
- 연중 재배용 품종은 도로시기시(Dorothy Gish)·글로리아(Gloria)·레드 윙(Red Wing)을 사용하여 생산함
- 최종 적심 후 개화까지는 28주면 개화시킬 수 있는데, 6월 초에 삽목해서 7월 초에 이식하여 5번 정도 순지르기를 하고 B-9처리와 저온처리를 하면, 이듬해 10월 하순에서 11월 초에는 개화시킬 수 있음
- 중요한 것은 최종 적심을 4월 초까지는 끝내야 한다는 점임

# Ⅳ. 특용작물

## 1. 인 삼

□ 병해충 방제

○ 인삼 병해는 생육 시기 및 지역별로 병 종류와 발생 양상이 다소 다른데 4월 하순부터 5월 중순 사이에는 줄기 점무늬병과 균핵병, 4월 하순부터 6월 상순 사이에는 모잘록병, 출아기와 6~7월에는 잿빛곰팡이병, 5월 상순부터 6월 중순 사이에는 역병, 5월 하순 이후에는 잎점무늬병과 탄저병, 6월 중순 이후부터는 뿌리썩음병, 7월 중순쯤에는 줄기속마름병, 월동기간에는 뇌두썩음증상(잿빛곰팡이병)이 주로 발생하는데 토양과 기상환경, 그리고 인삼 생육 상황에 따라 발생 시기가 다소 다르게 나타남

○ 역병
 - 서늘하고 다습한 조건에서 발생하며 5월 상순~6월 중순에 비 온 후 발생이 심하며, 발생 시 확산 속도가 빠름
 - 고랭지에 있는 재배지는 고온기를 제외한 전 기간에 발생할 우려가 있으며, 특히 7월 장마철 이후 기온이 서늘할 때 주로 발생함
 - 방제법은 5월 상·중순 무렵 기온이 서늘하고 비가 오면 비 온 후 즉시 역병 방제용 약제를 살포하여 예방함
 - 산간지방이나 6~7월 우기에 기온이 낮아지거나 하면 발생 우려가 있으므로 방제 약제로 미리 예방함

〈역병 피해증상〉

○ 점무늬병
 - 인삼재배 시 가장 많이 발생하는 병으로 전국 어느 곳에서나 재배기간 동안 발생하여 피해를 주는 공기전염성 병해임
 - 병원균은 바람에 의하여 쉽게 전파가 이루어지며, 주로 4월 말부터 5월 말에 연약한 줄기에 바람 등에 의해 기계적인 상처가 생길 때 많이 발생함
 - 장마철에 잎이 수분에 장시간 노출되거나 해가림설치가 불량한 포장에서 많이 발생함
 - 병원균은 병든 조직에 균사 또는 포자 형태로 월동함
 - 방제법으로는 출아 후 바람에 의해 상처가 발생하지 않도록 5월 중·하순까지 포장 주위에 방풍 시설을 설치하고, 장마철 누수가 되지 않게 해가림시설 관리를 철저히 함
 - 약제에 의한 점무늬병 방제는 탄저병과 동시 방제가 가능하며, 특히 줄기 점무늬병의 경우 출아 직후 분무기 압력을 약하게 하여 약제를 살포함

모밭의 피해증상(좌), 줄기에 발생한 증상(중), 잎에 발생한 증상(우)
<점무늬병 피해증상>

○ 조명나방
 - 옥수수밭 인근 포장에 많이 발생하며 5월 하순~8월 하순까지 가해함
 - 방제법은 보통 부분적으로 발생하므로 피해가 발견되면 피해 줄기를 제거해 줌
 - 피해가 예상되는 지역에서는 유아등을 이용해 날아 들어오는 성충을 유살함

○ 명주달팽이
- 볏짚으로 부초를 한 3~5년생 포장에서 성체가 되는 5~7월에 피해가 발생함
- 밤이나 비 오는 날 낮에 인삼의 지상부로 올라와 줄기나 잎을 가해함
· 달팽이가 성장할수록 피해가 커짐
- 방제법으로는 지상으로 올라와 활동하는 야간에 직접 포살함

## 본밭관리
○ 꽃순 자르기 및 채종관리
- 채종모본 이외에는 개화 전인 5월 상순경에 꽃대를 5㎝ 정도 남기고 꽃순을 잘라버림
· 꽃순 자르기를 하면 뿌리의 발육을 증대시킬 수 있음
- 개화 후에는 자른 꽃대를 통해 병원균 침투 및 파리류 해충 피해를 받을 수 있으므로 5월 하순~6월 상순 맑은 날이 2~3일 지속되는 오전에 측화경을 남기고 잘라야 피해를 막을 수 있음
- 채종 할 때 수확 연근에 따라 4년근은 3년생에서, 6년근은 4년생에서 1회 채종하는 것을 원칙으로 함
- 채종모본은 줄기가 굵고 잎의 길이와 폭이 크고 장엽 수 및 소엽 수가 많은 개체를 선정함
- 줄기가 많이 발생하는 개체는 생육이 양호한 줄기 1개만 선정하여 남기고 나머지 꽃순은 잘라버림
- 채종 시기는 7월 중순~하순에 걸쳐 2~3회 홍숙된 열매만을 골라 채종함
○ 시설관리
- 봄철 돌풍으로 인해 해가림시설이 파손되거나 식물체의 도복 및 손상으로 받은 인삼포는 2차 피해 경감을 위해 신속하게 복구함
- 강풍으로 인한 상처 부위에 병원균 침입이 증가하여 점무늬병, 탄저병 등이 다발 할 우려가 있으므로 적기 방제약제를 살포함

## ☐ 생리 장해
### ○ 유형별 증상 및 방제법

| 생리 장해 | 증상 | 원인 | 방제법 |
|---|---|---|---|
| 황화형 | 잎 전체가 얇으면서 연한 황록색 | 척박지 토양 염류농도 과다 | 예정지 관리 시 녹비작물을 재배, 깊이갈이 및 밑거름으로 청초나 볏짚 등을 다량 시용 부초 및 물주기를 하면 효과적 |
| 황색 반점형 (5월 하순~ 6월 상순) | 잎맥 사이 연한 황색 반점(2~3년생) | 염류농도 과다 칼륨함량 과다 | 두둑 부초 및 물주기를 하면 효과적임 |
| 황갈색 반점형 | 잎맥 사이 황갈색 반점 발생(2~3년생) 논삼 재배 포장 | 과습한 밭 또는 논포장, 유효철 함량과다, 석회 또는 인산함량 과다 | 예정지 선정 시 토양 중 석회나 인산 및 철 함량이 높은 포장 자재, 부초 후 물주기를 하면 피해 약간 경감 |
| 엽연형 (오갈병) | 잎이 오글오글 해지는 증상 | pH 4.8 이하, 유효 망간 과다 | 예정지 관리 시 pH 5.5 정도로 교정, 석회류제를 처리하면 효과적 |
| 적변 | 뿌리 표피가 적갈색 | 과습 또는 누수과다, 가축분뇨 과다시용 | 토양 과습 방지, 누수 방지를 위한 해가림시설 관리 철저, 미부숙 유기질 비료, 가축분뇨 시용 지양 |
| 은피 | 뿌리 중심부가 갈색 또는 흑갈색으로 변하면서 구멍이 생기는 증상 | 건조하고 척박하며, 붕소함량이 적은 포장 | 예정지관리 시 산야초나 볏짚 등 신선 유기물을 다량 시용, 부초를 하고 건조기에 물주기 |
| 복합 생리장해 | 오갈형, 황색 반점형, 황갈색 반점 복합증상 | 염류농도 과다, 질산태질소/마그네슘/칼슘/나트륨 성분 과다 | 염류농도 장해를 경감시킬 수 있도록 물리성 개량에 역점, 예정지 선정 후 호밀이나 수단그라스를 재배하여 청초대용으로 시용하거나 볏짚 등과 같은 섬유질이 많은 유기물 시용 두둑을 높게 설치, 염류집적 현상이 발견되면 10~11월에 황토 또는 고랑의 흙을 두둑 상면에 2~3cm 두께로 복토 |

〈황화형 증상〉

〈황색 반점형 증상〉

〈황갈색 반점형 증상〉

〈엽연형 증상〉

〈은피증상〉

## ☐ 이상기상으로 '인삼' 병 발생 양상 달라져, 예방 필수

(보도자료: 2024.05.16. 농촌진흥청)

○ 농촌진흥청은 이상기상으로 인삼잎과 줄기 부분의 곰팡이병 발생 양상이 달라지고 있다며 꼼꼼한 예방과 방제를 당부했음

○ 점무늬병, 잿빛곰팡이병, 탄저병은 인삼에서 흔히 발생하는 병으로 잎과 줄기뿐 아니라, 심하면 뿌리까지 썩게 해 품질과 수확량을 떨어뜨림

○ 보통은 5월 점무늬병을 시작으로 6월 말 잿빛곰팡이병 발생이 늘고, 장마철 이후 기온이 높고 습기가 많을 때 탄저병 발생이 증가하는데 2023년에는 예년과 병 양상이 달랐다.

○ 농촌진흥청이 2023년 강원특별자치도 철원, 경기 연천, 경북 풍기, 전북특별자치도 진안, 충북 음성 등 인삼 주요 생산지 6곳의 병 발생을 조사한 결과, 점무늬병은 고온기로 갈수록 증가세를 보였고, 8월 기준 잎에서 10.2~23.6% 발생했음

 - 잿빛곰팡이병은 5월 2곳에서 처음 관찰됐고 탄저병 또한 평년보다 이른 5월 증상이 관찰됐음

 - 특히 탄저병이 심한 곳은 8월에 잎 발병률이 59.7%에 달했음

○ 이는 2023년 5~7월 사이 강수량이 최근 10년 평균(2012~2022년 평년값, 5월; 81.4mm, 6월; 115.0mm, 7월; 249.8mm, 기상청 자료 기준)보다 많게는 4배 이상 증가한 데 따른 것으로 풀이됨

 - 실제로 병이 나타나기 시작한 5월 전북특별자치도 진안의 강수량은 239.2mm로 조사지 중 가장 많았음

○ 인삼의 주요 병을 효과적으로 막으려면 병 발생 직전, 즉 장마 전에 등록된 살균제를 뿌려 병원균 밀도를 낮춰야 함

 - 빗물이 고랑으로 스며들지 않도록 해가림시설과 방풍 시설을 정비하고 물이 잘 빠지도록 배수로를 설치함

○ 농촌진흥청 국립원예특작과학원은 "이상기상으로 병 발생 양상이 달라지고 있는 만큼 농가에서는 시설을 꼼꼼히 점검하고 안전 사용기준에 맞춰 약제를 준비하는 등 피해 예방에 적극 나서야 한다."라고 전했음
○ 인삼을 재배할 때 쓰는 등록 약제는 '농촌진흥청 농약안전정보시스템(psis.rda.go.kr)'에서 확인할 수 있음

## 인삼 주요 곰팡이병 발병 증상

|  |  |  |
|---|---|---|
| 인삼 점무늬병 | 인삼 잿빛곰팡이병 | 인삼 탄저병 |
| - 잎, 엽병(잎자루), 줄기, 뿌리 등에 발생<br>- 줄기점무늬병은 4~5월에 발생, 잎에서는 6월말부터 장마기에 심함<br>- 잎에 부정형의 암갈색 반점이 나타나 진전됨<br>- 병든 줄기는 썩고 부러지기 쉬우며 뿌리에 감염되면 썩음 | - 인삼 모든 부위(뿌리, 줄기, 잎, 열매)에 발생<br>- 발생 부위에 회색 포자나 검은색의 균핵이 쉽게 관찰됨<br>- 병든 인삼 부위는 물렁물렁해지면서 썩음<br>- 식물 조직이 죽은 부위에서도 사는 부생균이기 때문에 점무늬병, 탄저병 발병 부위에 2차적으로 발생하기도 함 | - 주로 잎에 발생하고 드물게 줄기에도 발생함<br>- 잎에서는 처음 적갈색의 작은 반점이 나타남. 병이 진전되면 갈색으로 변하고, 주위는 암갈색을 띰<br>- 시간이 지나면서 여러 개의 병반이 합쳐지고 잎이 말라 떨어짐<br>- 줄기는 모양이 일정하지 않은 갈색 병반이 나타나고 심하면 말라죽음 |

## 2. 오미자

☐ 저온피해 예방
- ○ 개화기인 5월에 최저기온이 4℃ 이하로 며칠 동안 진행되면 암꽃이 검은색으로 변하여 고사하는 피해증상이 나타남
  - 이때는 오미자 열매가 정상적으로 성장하지 못하고 왜화증상을 보이기도 함
  - 개화기인 5월경 저녁에 온도가 갑자기 떨어질 때는 다음날 새벽에 온도가 급격하게 하강할 염려가 있으므로 미리 저온 피해를 막을 대책을 수립하여야 함

☐ 결실 가지 솎음 전정
- ○ 과도한 지상부 발달로 인한 결실 가지 비대와 성장 억제로 인한 꽃눈분화 억제 포장과 해거리 및 꽃떨이 발생이 심한 포장에서 실시함
  - 신초생장이 시작되는 5월 상순경 실시하는데 개화 후부터 오미자 가지 50% 정도를 줄기 분화기부터 절단하여 충실한 결실가지가 되도록 함
- ○ 동계전정 시기를 놓친 과번무 오미자 포장은 하계전정을 실시하여 수세를 조기에 안정시킴
  - 하계전정으로 통풍 관계를 원활히 유지하여 과실 비대를 촉진하고, 꽃눈분화를 촉진하여 해거리 및 꽃떨이를 억제함

☐ 생육 비배관리
- ○ 개화기에는 수분이 부족하면 낙화 될 우려가 있으므로 적당한 수분 관리 필요
  - 수정기에는 전면관수나 스프링클러를 이용하여 적정 토양수분 유지
  - 뿌리 80% 이상이 지표 10cm 내외에 분포하므로 토양과습 주의

○ 시기별로 영양생장을 위한 양분과 생식생장을 위한 양분 소모 특성이 있는데, 생육 초기에는 신초 생장을 위한 질소가 필요하며, 꽃눈이 형성되는 6월 상순~7월 중순까지는 생식생장과 과실의 급속한 비대 증진에 필요한 영양분이 많이 필요하므로 이때를 중심으로 약 한 달 전에 필요한 양분을 보충하는 시비 관리가 필요함
- 양분관리는 영양생장과 결실 생장에 관여하는 필요한 양분을 공급하는 것과 다음 해 개화될 화아형성을 촉진하는 역할을 위해 하는 것임
  · 비료가 과다할 경우 과번무를 유발하여 줄기수가 많아지고, 가늘고 길며 연약하게 자라 수꽃을 많이 양성함
  · 비료가 부족할 때는 신초 생장과 다음 해에 개화될 꽃눈형성에 장해를 주어 해거리의 원인이 됨

## 해충 방제

○ 뽕나무깍지벌레(깍지벌레과, Disaffiliate)
- 뽕나무깍지벌레는 주로 그늘지고 습한 곳에서 발병하며 약충은 5월 중·하순과 8월 상·중순 연 2회 발생하여 피해를 주는데 약충 시기에 약제를 살포하여 방제하여줌
- 깍지벌레가 많이 붙어 있는 줄기와 가지는 밀납질의 가루를 뿌린 듯이 보이며 흡즙으로 인해 수세가 약해지고 출아가 지연됨
- 깍지벌레 분비물을 먹고 사는 고약병의 병원균과 공생관계에 있으므로 깍지벌레 방제를 철저히 하여 고약병이 발생하지 않도록 함

발생잎(앞)    발생잎(뒷면)    고약병 증상

〈오미자 깍지벌레 피해〉

# 3. 우슬

## ☐ 재배법

○ 파종 시기
- 우슬(쇠무릎)은 15~20일간 싹을 틔워 서리피해를 받지 않는 시기에 파종하는데 남부지역은 4월 중순, 중부지역은 5월 상순이 파종 적기임

○ 파종량 및 파종 방법
- 파종량은 10a당 3~4L 정도임
- 밑거름을 뿌리고 깊이갈이를 하여 폭 90cm 두둑을 만든 후 파종하며, 적정재식거리는 조간 25cm, 주간 5cm, 1주 2본 재배구가 주근장이 길고 상근 중 비율이 높아 가장 적당함
- 파종이 끝나면 복토하고 판자 같은 것으로 가볍게 눌러줌
- 발아하여 땅 위로 올라올 때까지 수분 유지가 잘되도록 볏짚을 덮어 주도록 함
- 땅 위로 2/3 이상이 발아하여 올라오면 볏짚을 걷어줌

○ 거름주기
- 비옥한 땅에서는 거름을 주지 않아도 잘 자라지만 비옥하지 않은 땅에서는 10a당 퇴비 1,000kg, 잘 썩은 계분 80kg을 밭갈이 전에 밑거름으로 뿌려주어 전충시비를 함
· 비료 주는 양은 질소 18kg, 인산 20kg, 칼륨 18kg이 가장 적당함

○ 기타 관리
- 발아하여 출현하면 아주 밀식된 곳이 아니면 솎아주지 말고 그대로 배게 키움
- 7~8월이 되면 경엽이 무성하고 꽃대가 올라와 개화 결실하게 되는데 채종할 것이 아니면 7월 중순에 30cm 정도만 남기고 1차로 잘라줌
- 8월 하순에는 40cm만 남기고 3차로 잘라주어 쓰러짐을 방지해 주고, 뿌리 발육이 잘되도록 해줌

# 4. 천궁

## □ 일천궁 종이필름 피복재배 효과

(영농활용: 2022. 경상북도농업기술원)

○ 배경
- 흑색비닐 피복재배에서 비닐 겉면에서 발생하는 고온의 열에 의해 잎이 마르고 생육이 떨어지는 피해가 기온이 상승하면서 빈번히 발생
- 흑색비닐을 대체할 수 있는 피복재의 개발과 적용 기술 필요

○ 개발된 영농기술정보
- 기존의 흑색비닐피복과 같은 방법으로 백색 종이필름을 피복하여 1이랑 2열로 4월 4일 종근을 파종
- 6월 중순경 두둑 하단부 녹아내릴 때까지 잡초발생 억제, 흑색비닐 대비 고온일(7.1.) 잎 온도는 1.5℃, 4월 20일부터 9월 10일까지 낮시간 (8:00~18:00) 토양온도는 2.0℃ 낮았음
- 수확기 종이필름 피복재배 효과
  · 지상부 잎과 근경의 건물중은 흑색비닐피복과 비슷한 수준
  · 근경수량은 흑색비닐 대비 1.2배이나 통계적인 유의성은 없었음
  · 근경썩음 정도가 흑색비닐보다 낮음(6.27.~10.25., 10회 조사)

| 피복재 | 지상부건물중 (g/주) | 근경장 (cm) | 건근경중 (g/주) | 수량 (kg/10a) | 근경썩음 발생비율 |
|---|---|---|---|---|---|
| 종이필름 | 37 | 10 | 145 | 724 | 30% |
| 흑색비닐 | 39 | 12 | 125 | 622 | 50% |
| p 값 | 0.52 | 0.0035 | 0.14 | 0.14 | |

<종이필름(좌), 흑색비닐(우) 피복재배(8월 중순)>

○ 파급효과
- 일천궁의 생육초기에 두둑의 잡초발생을 억제하면서 흑색비닐피복으로 인한 잎 온도와 토양온도 상승의 영향을 줄이고 폐기물 발생을 줄임

## 5. 약용작물

□ 생육 관리
- ○ 구기자 적심은 5월 상순, 6월 상순, 7월 상순이 적기이며 5월 상순경 35~40cm 정도 자란 줄기 밑동으로부터 30cm만을 남기고 잘라주며, 새로 자란 순을 다시 6월 상순과 7월 상순에 20~30cm 정도 남기고 잘라줌
  - 가지 유인은 튼튼한 지주를 5m 간격으로 2열로 설치하고, 바인더끈 등과 같이 단단한 끈으로 1, 2, 3단 설치하여 구기자 줄기가 늘어짐을 방지함
- ○ 당귀는 이식 후 20일 정도면 출아하는데, 결주가 생기면 보식해 주어야 함
  - 흐린 날이나 저녁 무렵에 물을 주고 이식하여야 하며, 보식할 묘는 중묘를 택함
  - 정식 후 초기생육이 저조하므로 초기에 잡초 방제를 하지 못하면 방제하기 어려움
  - 제1차 제초제는 묘가 5cm 정도 자랐을 때 진행하며, 출아기부터 3~4회 제초작업을 하고, 제초와 더불어 토양을 부드럽게 해서 토양이 단단해지는 것을 방지함
  - 통기, 수분 및 온도 조건을 개선하여 뿌리 발육을 촉진함
- ○ 식방풍 직파재배는 초기생육이 늦어 풀에 눌려 생육이 위축되기 쉬우므로 3~4회 걸쳐 제초해야 함
  - 육묘 이식재배 시에는 큰 풀만 뽑고 북주기를 해줌
  - 꽃대는 올라오는 것이 보이는 대로 제거해 줌
  - 병해충은 예방 위주로 윤작을 하고, 물 빠짐이 잘되도록 해야 함
- ○ 마는 덩굴이 30~50cm 정도 자라면 지주를 1.5~1.8m 높이로 세운 뒤 오이 망을 씌운 덕을 만든 후 줄기를 유인해 줌
- ○ 백수오는 어린잎이 5매 정도 자라면 포기 사이를 15cm 되게 솎아 주고, 솎은 묘는 보식하거나 정식하는 묘로도 이용할 수 있음

- 덩굴이 20cm 정도 자라면 덩굴을 올릴 수 있는 지주를 설치하여 줄기가 타고 올라갈 수 있도록 해줌
○ 감초 육묘 파종은 4월 하순~5월 상순에 파종함
  - 너무 일찍 파종하면 모잘록병 발병률이 높음
  - 햇볕이 잘 들고, 배수가 잘되는 밭에 높이 30cm 이상으로 묘상을 만든 다음 줄 사이 8cm, 포기 사이 8cm로 하여 4~5립의 종자를 점뿌림한 후 1cm 정도 흙을 덮음
  - 발아 후에는 잡초를 제거해 주며, 이듬해 봄에 본밭에 정식 할 수 있음
  - 덩굴이 20cm 정도 자라면 덩굴을 올릴 수 있는 지주를 설치하여 줄기가 타고 올라갈 수 있도록 해줌
○ 지황은 멀칭 피복한 밭에는 비닐 속 온도가 고온이 되지 않도록 하며 발아된 지황 잎을 조기에 외부로 꺼내놓도록 관리함
  - 정식 후 20~30일이 지나면 출아되고, 본잎이 4~5매가 되면 꽃대가 나오는데, 되도록 일찍 꽃대를 잘라 줌
  - 지황은 뿌리가 깊게 뻗지 않으므로 잡초가 지나치게 자란 뒤 김매기를 하면 뿌리가 흔들릴 염려가 있으므로 미리 잡초를 뽑아줌
○ 도라지는 김매기와 솎음작업을 겸하여 실시하는데 본잎 3~4매 일 때 포기 사이 4~6cm 간격으로 솎아주고, 2년 차 이상 포장은 지상 25~30cm 높이에서 순지르기하여 후기 도복 방지를 예방함
○ 더덕은 줄기가 덩굴 식물로 2~3년 재배해야 하므로 지주를 세워 덩굴 올리기를 해주어야 함
  - 본엽 3~4매 시 2~2.5m 정도의 지주를 세워 통풍 및 햇볕쪼임을 좋게 하여 생육을 촉진함
  - 덩굴 올리기를 하게 되면 수관 내 깊숙이 햇볕을 비추고 바람을 잘 통하게 하여 하위엽이 고사하는 것을 방지할 수 있음
○ 약초는 제초, 웃거름 주기, 지주 세우기, 배수로 정비 등 포장 관리를 잘하며, 병해충을 방제할 때는 반드시 적용 약제를 선택하고 안전 사용 기준을 지켜야 함

## ☐ 약용작물 시설 스마트팜 활용 연구 동향과 기술 개발

(연구동향: 2025.1. 월간리포트170호. 국립원예특작과학원)

○ 연구기관
 - 미국 Purdue University, Center for Controlled Environment Agriculture
 - 일본 University of Tokyo, Advanced Plant Factory Research Center
 - 중국 Academy of Agricultural Sciences, Smart Agriculture Division
 - 국립원예특작과학원, 국립농업과학원, 서울대, KIST(강릉분원) 등

○ 연구내용
 - 기후변화로 약용작물의 생육환경이 변화하며 재배의 어려움이 증가하고 있음. 이를 해결하기 위해 스마트팜 기술이 도입되어 생산성을 안정화하고 안전하게 재배할 수 있는 연구가 진행되고 있으며, 약용작물 산업의 지속 가능성을 확보하는 핵심 대안으로 부상하고 있음
 - 국내·외 시설 내 스마트팜을 활용하여 온도, 습도, 광량, $CO_2$농도 등을 정밀하게 제어해 약용작물의 최적 생육 환경 조성하여 LED 광원 기술을 활용하여 특정 파장 또는 광량에 따른 생산량과 약리성분을 증진시키는 연구가 진행되고 있음
 - 국내는 황기, 도라지 등 주요 약용작물 및 고부가 품목에 대하여 생육에 최적화된 스마트팜 환경 제어 모듈을 개발 중임 적정 광파장(650-700nm)과 온도(18-25℃)에 따라 생리활성 물질 함량이 증가되는 것으로 확인됨. 이러한 기술은 약용작물의 품질 향상과 안정적 생산에 기여할 것으로 사료됨
 - 약용작물의 생육을 조절하기 위해 FT(FLOWERING LOCUS T)와 같은 개화 유전자 연구가 이루어지고 있으며, 유전자 발현량을 조절하여 성분함량과 수확량을 증대시키는 기술이 알려져 있으며, 이를 통해 유전자 기반 생육 최적화 부분 연구가 진행되고 있음
 - 스마트팜 환경 데이터와 생육 데이터를 학습하는 AI 모델이 개발

중임. 이 모델은 특정 약용 성분(사포닌, 플라보노이드 등)의 함량을 예측하고 조절이 가능하게 하여 약용작물의 품질과 생산 효율을 최적화하는 연구가 진행 중임
- AI 기반 데이터 분석을 활용하여 생육 상태를 예측하고, 실시간으로 환경을 제어하는 시스템이 개발되고 있으며, IoT 센서는 작물의 상태를 모니터링하며 이상 상황 발생 시 조기 대응이 가능함

 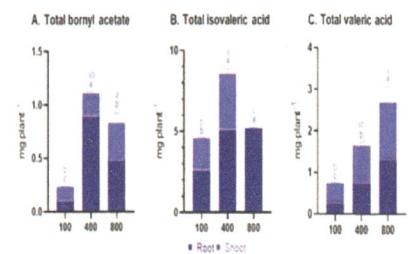

〈쥐오줌풀 광량에 따른 생육 및 유효성분 비교(국립원예특작과학원)〉

○ 국내 기술수준과 전망
- 국립원예특작과학원 인삼특작부에서는 시설 내 재배 적합 작목(황기, 도라지, 쥐오줌풀 등)을 선발하여 약용작물 시설 내 재배 적합성에 대한 기초 연구를 완료하고 정밀제어시설(스마트팜 연구동)을 활용한 생산 표준화 연구를 진행하고 있음
- 스마트팜 기술은 약용작물의 안정적 생산 기반을 구축하며 글로벌 약용산업에서 경쟁력을 확보할 잠재력을 가지고 있는 기술임. 이를 통해 생산성과 품질을 동시에 향상시켜 약용작물 산업의 부가가치를 극대화할 수 있을 것으로 예상됨
- 스마트팜 향후 연구는 지속 가능한 스마트팜 운영 모델개발과 에너지 절감을 통한 친환경 기술을 개발하여 에너지 및 환경 영향을 최소화하는 방향의 연구개발도 이루어져야 함. 이러한 연구는 약용작물 산업의 지속 가능성과 글로벌 경쟁력 강화를 동시에 실현할 수 있을 것으로 기대됨

## 6. 느타리버섯

□ 버섯 발생과 자실체 생육
  ○ 버섯 발생과 관리
   - 균사 생장만 하는 영양생장기와 버섯이 발생하는 생식생장기로 나눠 관리함
   - 균사 생장이 완료되면 버섯을 발생시키기 위하여 생식생장기로 전환해 주어야 하는데, 전환 시기는 버섯 품종에 따라 다름
   - 버섯을 발생시키기 위하여 재배사는 다음과 같이 관리함
  ○ 온도 및 광 조절
   - 버섯을 발생시키는 조건 중 가장 중요한 것이 온도 관리임
   - 균사가 배지에 거의 자란 시기부터 빛을 쪼이고, 비닐 제거 이전에 저·중온성 품종일 경우 배지 온도를 10~16℃로 내려 주어야 함
   - 빛은 백색 또는 청색광(400~500nm)이 가장 효과적이며, 2종류를 혼합하여 사용하는 것도 좋음
   - 빛은 신문을 읽을 수 있을 정도인 100~500 lux의 밝기로 낮에만 비춰주며, 밤에는 빛이 없어도 무방함
   - 저온 처리로 원기를 형성시키고, 비닐을 조금씩 가장자리부터 벗기면서 버섯을 발생시킴
  ○ 비닐 제거
   - 온도를 내린 후 비닐이 덮인 상태에서 어린 버섯이 측면 군데군데에 소량씩 형성되면 비닐을 서서히 벗겨야 함
   - 만약 균사 생장이 완료되었다고 급격하게 비닐을 벗기게 되면 표면이 즉시 건조되어 균사가 약화하고, 버섯원기 형성이 늦게 됨
   - 이때부터 버섯이 공기 중에 노출되므로 재배사 공기 환경이 중요함
   - 실내 습도를 95% 이상 높게 유지하여 습한 공기가 어린 버섯에 접할 수 있도록 함
   - 버섯이 건조한 공기에 노출되면 버섯 갓이 얇아지고 생육이 약해짐

○ 환기
- 버섯은 자실체가 생육하는 동안 많은 양의 산소를 요구하고, 탄산가스를 배출하게 됨
- 따라서 재배사 내의 탄산가스를 제거하고, 외부의 신선한 공기를 실내에 공급하기 위해 환기가 필요함
- 환기가 부족하면 버섯 대가 길어지고, 갓은 작아지며, 환기량이 많으면 갓은 커지지만, 대는 짧아짐
- 급격하게 환기를 하면 균상 표면이 말라서 각질화되고 어린 버섯이 쉽게 건조되므로 조금씩 꾸준하게 실시함
- 겨울철에 외부의 찬 공기를 많이 넣어주면 유리수가 발생해 세균성갈반병 피해가 심해지므로 날씨가 추운 계절에는 낮에만 환기하도록 함

○ 관수
- 초기에는 관수량을 적게 하여 표면 균사의 마모를 방지함
- 일일 관수량은 3.3㎡당 800mL 정도로 2회 실시하는 것이 적당하나 균상 상태나 버섯 발생 상태에 따라 적당히 조절함
- 관수 시 수압이 높으면 어린 버섯이 흔들려서 사멸되기 쉬움
- 관수는 상단 부분부터 실시하고, 하단에는 상단에서 낙하하는 물을 감안하여 관수량이 약간씩 감소하도록 조절함
- 관수를 하지 않거나 불균일하게 하면 버섯 발생 후 재배 기간이 길어질수록 배지 중량이 감소함
- 특히 무관수 시는 중량 감소가 심하여 균상과 배지가 격리되기도 함
- 실내에는 가습 시설을 하여 공중습도를 높임으로써 균상 표면의 건조를 방지함
- 버섯 발생 시 실내 습도는 90% 이상 높게 유지하여야 함
- 특히 관수 하지 않거나 1주기 후부터 관수 하게 되면, 배지 중량이 감소할 뿐만 아니라 버섯 수량도 3주기 이후부터 급격히 감소함
- 그러므로 관수는 1주기부터 균상 표면이 촉촉할 정도로 계속하는 것이 좋음

## ☐ 생육기 균상 관리

- ○ 재배사 습도
  - 버섯 생장기 재배사 습도는 85~90% 정도로 유지하고, 관수량은 800mL/3.3㎡ 정도로 하는 것이 원칙이지만, 버섯 발생량 및 상태에 따라서 가감함
  - 즉 버섯 발생량이 적거나 크기가 작을 때는 300~500mL/3.3㎡가 적당하고, 버섯 발생량이 많거나 버섯이 생육할 때는 800~1000mL/3.3㎡ 정도로 증가시키는 것이 좋음
  - 관수 후에는 유리 수분이 오래 정체되지 않도록 관리하며, 여름철에는 관수량을 많게 하고, 겨울철에는 적게 함
- ○ 환기
  - 환기량은 버섯 형태에 따라서 조절하는데, 버섯 갓이 크고 줄기가 짧으면 환기량을 감소시키고, 반대 현상일 때에는 증가시켜 주어야 함
  - 버섯 품질의 경우 외국에서는 대보다는 갓 위주로 정하고 있으나 우리나라에서는 반대로 갓보다는 대를 선호하는 경향이 있음
  - 대가 길고 갓이 작은 버섯을 생산하기 위하여 환기를 억제하므로 세균성 갈반병 피해가 생기고, 생산량이 감소하는 농가가 많아지고 있음
  - 특히 강제 환기 시스템을 사용할 때 재배사 내 풍속이 중요한데, 사람이 느끼지 못할 정도(0.2~0.5fpm)로 아주 약하게 해주어야 함
  - 풍속이 강할 때는 버섯 형태가 나팔형이 되거나 한쪽으로 갓이 뒤집히는 기형 버섯이 발생하므로 재배사 내 풍속 변화를 최대한 없애고, 원활한 대류가 이루어지게 함
- ○ 온도
  - 실내 온도는 품종에 따라서 다르지만, 일반적으로 13~18℃를 유지함
  - 수확 시 버섯 밑을 눌러주면서 옆으로 돌려서 채취하여 균상에 손상이 가지 않도록 함
  - 수확한 자리에 물이 고이거나 파괴되면, 잡균이 발생하기 때문임

- 버섯 수확 주기가 끝나면 실내 습도는 85% 정도로 약간 높게 하고, 온도는 15~18℃를 유지해 줌
- 버섯 채취 시기는 버섯 빛깔이 변하지 않고, 갓 끝이 밑을 향한 상태일 때 수확함

○ 관수
- 수확 전 균상 관리에서 가장 중요한 부분은 관수임
- 솜재배는 보통 4주기 정도 수확을 하는데, 그 기간 균일한 수분 공급이 되지 않으면, 급격한 수량 감소를 초래함
- 특히 무관수 등의 불규칙한 관리 시 수분 공급 부족으로 균상 표면을 두드리게 되면, 북소리가 나면서 밑 부분에 공간이 있는 것처럼 느껴짐
- 표면의 외피 골격은 그대로 유지되지만, 내부가 축소되면서 두 층이 분리되어 공간이 만들어지게 됨
- 이 같은 현상이 발생하면 표면에 발생한 버섯은 내부 균사와 연결되지 못하고, 단절되므로 버섯 생육에 필요한 양분과 수분의 공급이 불가능하게 됨
- 특히 배지의 수축 정도가 심하고, 배지 표면에 다시 균사가 생장하기도 함
- 일부 자실체가 건조되면서 갈변 증상이 일어나고, 버섯에서 다시 버섯이 발생하는 예도 나타남
- 개선대책으로는 균상 표면을 칼을 이용해 일정한 간격으로 절단한 후에 충분한 관수를 함
- 관수된 물은 균사가 활착된 솜배지에 스며들면서 떠 있던 표면층을 가라앉히는 역할을 할 수 있으나 너무 많이 관수하면 밑에 깔아 놓은 비닐 속에 물이 고이게 되므로 비닐 밑에 작은 구멍을 만들어 고였던 갈색의 물이 빠져나가도록 하여야 함
- 만약 물이 오랫동안 정체하면 배지가 썩게 되므로 주의함

## ❑ 해충 '버섯파리' 방제만 잘해도 절반으로 '뚝'

(보도자료: 2024.04.19. 농촌진흥청)

○ 농촌진흥청은 버섯 해충 '버섯파리' 발생이 5월부터 최대 66% 발생이 느는 만큼 예방과 방제에 힘써달라고 강조했음

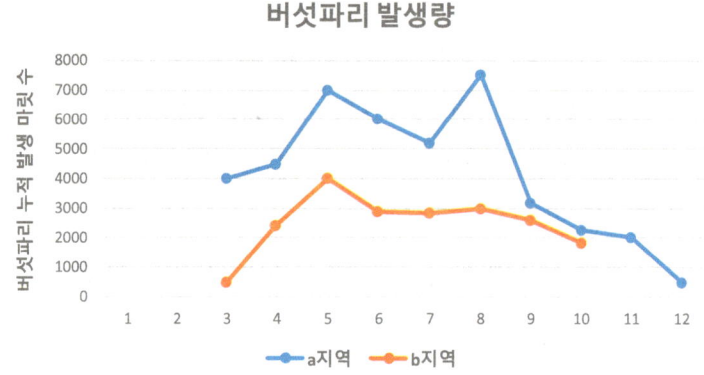

○ 버섯파리의 어른벌레는 양송이에 병원균과 응애 등을 옮기고, 애벌레는 버섯 몸통에 해를 가해 상품성을 떨어뜨림

○ 농촌진흥청이 양송이 주산지역에서 2020년부터 2023년까지 4년간 버섯파리 발생률을 조사한 결과, 5월로 접어들면서 4월보다 55~66% 늘어난 것으로 나타났음

○ 피해를 예방하려면 시설 출입구에 공기커튼(에어커튼)이나, 환풍구에 구멍 크기가 0.61mm 이하*인 방충망을 설치해 버섯파리가 외부에서 들어오는 것을 막아야 함

 * 방충망의 구멍 크기가 30메시(mesh) 이상인 것, 수치가 높을수록 더 촘촘함

○ 재배사 안에 이미 버섯파리가 들어왔다면 유인등이 달린 덫(포충기, 평판 트랩)을 놓고, 시중에 판매 중인 친환경 방제약(달마시안제충국*, 방아 추출물 혼합 형태)을 뿌려 버섯파리를 없애야 함

 * 국화과 식물

○ 아울러, 버섯파리가 다시 발생하지 않도록 재배사 주변의 배지(영양체) 재료 보관 장소를 깨끗하게 청소하고 수확이 끝난 배지는 살균한 뒤 밖에 내놓아야 함

○ 연구진은 2022년에 이어 2023년에도 양송이 재배 농가에 버섯파리 방제 기술을 적용했음
 - 그 결과, 버섯파리 수는 기술 적용 전보다 약 65% 줄어들었음
○ 농촌진흥청 국립원예특작과학원은 "양송이의 병해충 피해를 줄이기 위해서는 주요 매개 요인인 버섯파리가 발생하지 않도록 선제적으로 방제하는 것이 중요하다."라고 말했음

<u>버섯파리 발생 조사 결과와 관련 사진</u>

○ 버섯파리 방제 방법 적용 효과

| 구분 | 버섯파리 마릿수/트랩 | | 버섯파리 방제 효과 |
|---|---|---|---|
| | 관행(기존) | 방제 방법 처리구 | |
| 5월 | 2,000 마리 수준 | 700 마리 수준 | 65% ↓ |
| 6월 | 2,000 마리 수준 | 1,000 마리 수준 | 50% ↓ |

○ 버섯파리 방제 방법 적용 요소

<에어커튼 설치>

<포충기 추가>

<친환경 물질 연무>

○ 관련 사진

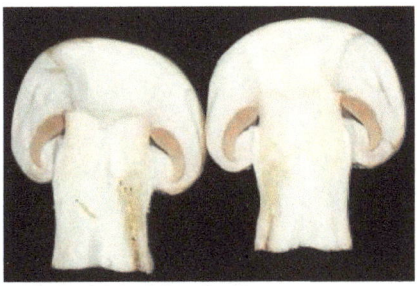

<버섯파리 어른벌레(성충)와 애벌레(유충) 피해>

# Ⅴ. 주요 원예·특용작물 경영정보

## 1. 토마토

☐ **생산 수급 동향** (자료: 한국농촌경제연구원, 농업전망 2025)

○ 재배면적 및 생산량 추이
 - 토마토 재배면적은 2010년 이후 지자체 원예시설지원사업 등으로 증가하였고, 2014년 7,070ha를 정점으로 감소하였으나 2020년 이후에는 평균 5,800ha 내외를 유지하고 있음
 - 토마토 생산량은 재배면적 증가와 함께 2014년 가장 많은 50만 톤이었으나, 이후 재배면적 감소 및 이상기후에 따른 작황 부진 등으로 최근 5년간 35만 톤 수준을 유지하고 있음

〈토마토 재배면적과 생산량 추이〉
주: 2024년 생산량은 농업관측센터 추정치임
자료: 통계청, 농업관측센터

 - 지역별 재배면적 비중(최근 5년 평균)은 영남지역이 27%로 가장 높고, 다음으로 호남(25%), 충청(24%), 강원(16%), 경기(9%) 순임
 · 2014년 이후 영·호남, 충청지역 재배면적은 감소하였으나, 강원지역은 시·군의 시설지원사업 및 기존 농가의 수익성 향상 기대에 따른 재배 규모 확대로 연평균 1.7% 증가하였음
 · 영남지역의 주산지는 일반토마토 최대 산지인 부산광역시(대저)와 경남 김해, 경북 경주 등이며, 호남지역은 방울토마토 주산지인 전북 익산과 전남 담양, 화순, 전북 장수 등으로, 충청지역은 방울토마토 주산지인 충남 부여와 논산이 많은 면적 비중을 차지하고, 강원지역은 춘천, 횡성, 철원 등이 비중이 큼

- 품종별 주산지의 변화를 살펴보면(2018~2023년), 일반 토마토는 영남지역이 여전히 많은 면적을 차지하나, 전반적으로 재배면적이 감소하였음
· 방울토마토는 전체 면적이 감소한 가운데 강원지역만 소폭 증가하였음

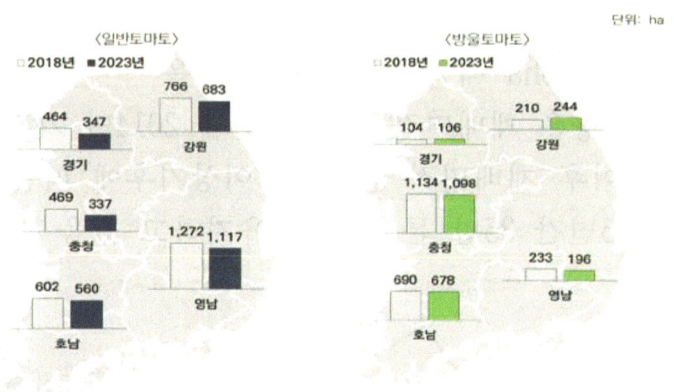

〈토마토 품종별·지역별 재배면적 변화(2018~2023년)〉

주: 제주는 제외함
자료: 농림축산식품부 농업경영체 등록정보(http://uni.agrix.go.kr/docs7/biOlap/dashBoard.do)

○ 2024년 생산 동향
- 2024년 토마토 재배면적은 전년(2023년)과 평년 대비 각각 12.7%, 5.9% 증가한 6,086ha이었음
· 강원과 충청, 영남지역 등에서 수익성 증대를 기대하여 토마토로 작목을 전환하였음
- 단수는 기상 여건 악화로 작황이 부진하여 전년과 평년 대비 각각 14.0%, 13.5% 감소한 5,382kg/10a이었음
· 2024년 겨울 및 봄철에는 일조량 감소 피해로 작황이 부진하였고, 여름철에는 고온 및 폭우에 따른 침수 피해 등이 발생하여 생육이 저하되었음
- 2024년 토마토 생산량은 작황 부진으로 전년 및 평년 대비 각각 3.1%, 8.3% 감소한 32만 8천 톤으로 추정됨

<2024년 토마토 생산 동향>

(단위: ha, kg/10a, 천 톤, %)

| 구분 | | 재배면적 | 단수 | 생산량 |
|---|---|---|---|---|
| 2024년 | | 6,086 | 5,382 | 327.5 |
| 2023년 | | 5,400 | 6,259 | 338.0 |
| 평년 | | 5,746 | 6,219 | 357.3 |
| 증감률 | 전년 대비 | 12.7 | 14.0 | -3.1 |
| | 평년 대비 | 5.9 | 13.5 | -8.3 |

주: 2024년 단수는 농업관측센터 추정치이며, 평년은 2019~2023년 중 최대, 최소를 제외한 평균임
자료: 통계청, 농업관측센터

○ 가격 및 출하 동향[1]
 - 2024년 토마토 전체 품종의 반입량은 전년(2023년) 및 평년 대비 각각 2.6%, 4.9% 감소한 6만 톤이었으며, 가격은 전년(3,019원) 및 평년(2,778원) 대비 각각 15.5%, 25.5% 높은 3,488원/kg이었음
  · 1~5월 반입량은 일조시간 감소 피해로 작황이 부진하여 전년 대비 7.1% 감소하였고, 가격은 전년(2,675원) 대비 56.5% 높은 4,186원/kg 이었음
  · 6~9월 반입량은 강원지역의 재배면적 확대로 전년 대비 5.4% 증가하였고, 가격은 전년(2,958원) 대비 21.4% 낮은 2,325원/kg이었음
  · 10~12월 반입량은 여름철 고온과 집중호우 여파로 생육이 부진하여 전년 대비 8.4% 감소하였고, 가격은 전년(3,910원) 대비 15.9% 상승한 4,532원/kg이었음

<토마토 월별 가격과 반입량 추이>

주: 가격은 평균단가(거래금액/거래물량)이며, 생산자물가지수(2020년=100)로 실질화함.
자료: 서울특별시농수산식품공사

---

1) 서울가락도매시장을 기준으로 기술하였음

- 품종별 가격과 반입량 추이를 살펴보면, 2014년 이후 재배면적이 줄면서 토마토 전체 반입량이 감소한 가운데, 대추형 방울토마토는 증가하는 추세임
 · 다만, 최근 3년(2022~2024년)은 기상 여건 악화에 따른 작황 부진으로 반입량이 감소하였음
 · 토마토 가격은 품종 상관없이 최근 3년간 상승하였으며, 특히 반입량 감소 폭에 비해 가격 상승 폭이 확대된 경향을 보였고, 이는 최근 몇 년간 이상기후 발생 증가가 가격 상승 압력으로 작용했기 때문임[2]
 · 2024년 일반토마토 반입량은 강원지역 재배면적 증가로 여름철 출하량이 늘었으나, 영·호남지역의 일조량 감소와 고온 피해로 작황이 부진하여 전년과 비슷한 4만 톤이었음
 · 2024년 가격은 대체 소비 등으로 소비가 원활하여 전년(2,590원) 대비 15.4% 상승한 2,989원/kg이었음
 · 2024년 대추형방울토마토 반입량은 주산지 침수 및 고온 피해로 전년 대비 4.6% 감소한 1만 5천 톤이며, 가격은 전년(3,983원) 대비 16.1% 상승한 4,626원/kg이었음
 · 2024년 원형방울토마토 반입량은 주산지인 강원지역의 품종 전환(대추형, 일반토마토 등)에 따른 재배면적 감소와 작황 부진으로 전년 대비 12.9% 감소한 5천 515톤이었으며, 가격은 전년(3,319원) 대비 21.0% 상승한 4,015원/kg이었음

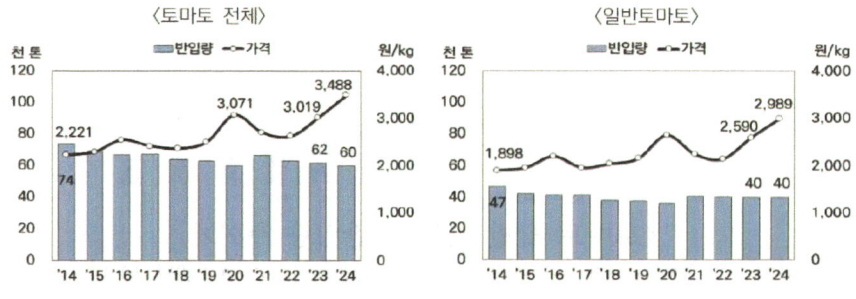

---

[2] 조병수·민초희(2024)는 「기후변화가 국내 인플레이션에 미치는 영향」에서 과일 및 채소 등의 농산물가격은 이상기후에 따른 가격 상승률이 다른 품목(공업제품 등)에 비해 높은 변동성을 나타낸다고 분석하였음

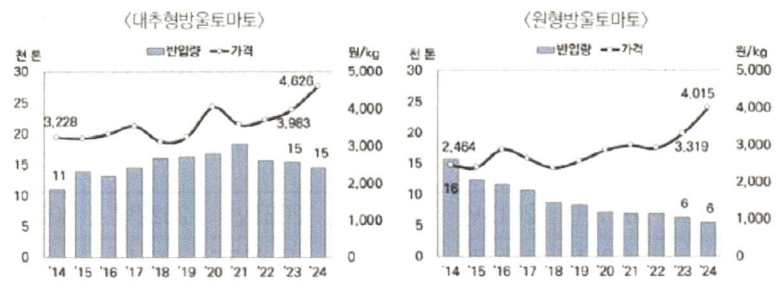

<토마토 품종별 가격과 반입량 추이>

주: 가격은 평균단가(거래금액/거래물량)이며, 생산자물가지수(2020년=100)로 실질화함
자료: 서울특별시농수산식품공사

○ 수출입 동향[3]

- 토마토 수출은 2010년 이후 연평균 6.1% 증가하였으나, 2024년 수출량은 전년(7,516톤)대비 29.8% 감소한 5,278톤이었음
  · 토마토 수출 가운데 가장 큰 비중(5년 평년 기준, 62%)을 차지하는 신선토마토의 2024년 수출량은 국내 작황 부진과 가격 상승으로 전년(3,545톤) 대비 큰 폭 감소한 1,593톤이었음
  · 최근 3년간 신선토마토의 수출은 국내 작황 부진과 가격 상승, 주요 수출 대상국인 일본의 자국 생산 확대 등[4]으로 감소세를 보였음
  · 토마토 케첩 수출량은 3,490톤으로 전년(3,586톤) 대비 2.7% 감소하였으며, 2010년 이후 연평균 8.4% 증가하였음
- 토마토 수입은 2010년 이후 연평균 3.9% 증가하였으며, 2024년 수입량은 전년(6만 3천 톤) 대비 17.1% 증가한 7만 3천 톤이었음
  · 토마토 페이스트 수입량은 전년(3만 1천 톤) 대비 10.8% 증가한 3만 4천 톤이었으며, 중국(2024년 기준, 62%)과 미국(24%)을 중심으로 이루어지고 있음

---

[3] 토마토 수출입 품목은 신선토마토(HS Code: 0702000000, 0702001000, 0702009000), 케첩(HS Code: 2103201000), 소스(HS Code: 2103202000), 주스(HS Code: 2009500000), 페이스트(HS Code: 2002901000), 조제·저장처리 토마토(HS Code: 2002100000) 등을 포함함

[4] 일본 시장에서 한국산 신선 토마토의 유통 비중(금액 기준)은 0.5%로 미미한 수준임. 다만, 한국산은 수송 거리가 짧고, 공급 안정성이 높은 데다, 외식업체 또는 반찬 제조업체 등에서의 수요가 높아 일본 토마토 수입량의 60% 이상(2023년 기준)을 차지함. 그러나, 최근 국내의 작황 부진과 일본의 산지 규모화 및 생산성 증대로 최근 3년간 對일본 수출은 감소 추세(2021년 4,818톤→2022년 4,407톤→2023년 3,414톤→2024년1,515톤)임(관세청, 한국농수산식품유통공사 「2024 일본의 한국식품 시장 실태조사(작성자: ㈜후지경제)」 (https://www.kati.net/board/reportORpubilcationView.do?board_seq=101487&menu_dept2=49&menu_dept3=53)에서 재인용(검색일: 2024.12.27.))

- 조제·저장처리 토마토 수입량은 전년(1만 9천 톤) 대비 26.8% 증가한 2만 5천 톤이었으며, 주 수입국은 이탈리아(69%)와 미국(25%)임

&lt;토마토 수출입 동향&gt;

(단위: 톤)

| 구분 | | 2010년 | 2015년 | 2020년 | 2021년 | 2022년 | 2023년 | 2024년 |
|---|---|---|---|---|---|---|---|---|
| 수출량 | 신선 | 1,071 | 3,779 | 4,315 | 5,013 | 4,518 | 3,545 | 1,593 |
| | 케첩 | 1,122 | 1,820 | 2,317 | 2,660 | 3,062 | 3,586 | 3,490 |
| | 기타 | 110 | 139 | 77 | 201 | 240 | 385 | 195 |
| | 전체 | 2,303 | 5,738 | 6,709 | 7,874 | 7,820 | 7,516 | 5,278 |
| 수입량 | 페이스트 | 26,164 | 25,627 | 24,818 | 30,988 | 30,824 | 30,923 | 34,262 |
| | 조제·저장 | 8,608 | 12,397 | 17,181 | 19,435 | 21,987 | 19,448 | 24,665 |
| | 소스 | 4,803 | 5,028 | 5,419 | 6,184 | 6,271 | 5,894 | 6,548 |
| | 기타 | 1,995 | 3,030 | 1,528 | 2,053 | 2,224 | 2,312 | 3,850 |
| | 전체 | 43,105 | 48,276 | 52,087 | 62,514 | 65,540 | 62,604 | 73,320 |

주: 2024년은 잠정치임
자료: 관세청, 한국관세무역개발원

□ **수급 전망** (자료: 한국농촌경제연구원, 농업전망 2025)

○ 2025년 전망
- 2025년 토마토 정식(의향)면적은 전년 대비 1.5% 증가할 것으로 조사되었음
  - 2024년 10~12월은 영남지역(부산, 김해 등)과 충청지역(부여, 청양 등)에서 수익성 향상을 기대하여 기존 재배 규모를 확대하여 전년(2023년) 대비 1.8% 증가하였음
  - 2025년 1~3월은 이른 정식(5→3월) 및 품종 간 전환으로 일반토마토의 정식 의향이 높으나, 전체 토마토 정식면적은 전년(2024년)과 비슷한 수준일 것으로 전망됨
  - 4~6월은 전년 수해 피해로 휴경을 했던 충청지역(논산, 부여, 청양 등)의 대추형방울토마토 재배 농가를 중심으로 정식 규모가 확대될 것으로 조사되어 전년 대비 2.8% 증가할 것으로 예측됨

- 7~9월은 강원 및 영남지역에서 수익성 확대를 위해 작기를 앞당기거나 정식 규모를 늘리려는 의향이 높아 전년 대비 1.2% 증가할 것으로 전망됨

<2025년 시기별 토마토 정식(의향)면적>

(단위: %)

| 구분 | 2024년 10~12월 | 2025년 1~3월 | 2025년 4~6월 | 2025년 7~9월 | 전체 |
|---|---|---|---|---|---|
| 비중 | 28.5 | 20.0 | 20.7 | 30.8 | 100.0 |
| 전년 대비 증감률 | 1.8 | 0.4 | 2.8 | 1.2 | 1.5 |

자료: 농업관측센터 표본농가 조사치

- 2025년 토마토 재배면적은 전년(2024년) 대비 1.5% 증가한 6,180ha로 전망됨
  - 충청 및 영남지역에서 재배 규모를 확대하여 일반토마토와 대추형 방울토마토를 중심으로 증가할 것으로 전망됨
- 2025년 토마토 단수는 전년 대비 2.9% 증가한 5,535kg/10a로 전망됨
  - 여름철 고온 여파 및 일조시간 부족 등으로 겨울 작형의 생육이 부진하여 평년 대비 감소하겠으나, 전반적으로 작황이 부진했던 전년(2024년) 대비 증가할 것으로 예측됨
- 2025년 토마토 생산량은 재배면적과 단수 증가로 전년 대비 4.4% 증가한 34만 2천 톤으로 전망됨

<2025년 토마토 생산 전망>

(단위: ha, kg/10a, 천 톤, %)

| 구분 | | 재배면적 | 단수 | 생산량 |
|---|---|---|---|---|
| 2025년 | | 6180 | 5535 | 342.1 |
| 2024년 | | 6086 | 5382 | 327.5 |
| 평년 | | 5872 | 5968 | 350.5 |
| 증감률 | 전년 대비 | 1.5 | 2.9 | 4.4 |
| | 평년 대비 | 5.2 | -7.3 | -2.4 |

주: 2024년 단수는 농업관측센터 추정치, 2025년은 전망치임
자료: 통계청, 농업관측센터

○ 중장기 전망
- 토마토 재배면적은 수요가 꾸준히 늘면서 2025년 6,180ha 에서 2034년 6,305ha로 완만하게 증가할 것으로 전망됨
- 토마토 단수는 2025년 5,535kg에서 2034년 6,120kg/10a로 연평균 1.1% 증가할 것으로 전망됨
  · 기후변화에 따른 일시적 생산성(노동생산성·토지생산성 등) 저하[5] 가능성은 존재하나, 스마트팜 관련 사업 확대, 품종 개발 등 정부의 중·장기적 기후변화 대응 노력으로 단수는 점진적으로 증대될 것으로 예측됨
- 토마토 생산량은 2025년 34만 2천 톤에서 연평균 1.3% 증가하여 2034년 38만 6천 톤에 이를 것으로 전망됨
- 토마토 수출량은 생산량 증가와 함께 수출국 다변화로 2034년 2만 7천 톤에 이를 것으로 전망됨
- 토마토 1인당 연간 소비량은 식습관의 서구화 및 건강 지향적 식생활 트렌드가 지속되어 2034년에는 7.1kg 수준이 될 것으로 전망됨

<토마토 중장기 수급 전망>

| 구분 | 단위 | 2024년 | 전망 | | |
|---|---|---|---|---|---|
| | | | 2025년 | 2029년 | 2034년 |
| 재배면적 | ha | 6,086 | 6,180 | 6,199 | 6,305 |
| 단수 | kg/10a | 5,382 | 5,535 | 6,020 | 6,120 |
| 국내 생산량 | 천 톤 | 327.5 | 342.1 | 373.2 | 385.9 |
| 수출량 | 천 톤 | 24.0 | 25.6 | 26.3 | 26.7 |
| 1인당 소비량 | kg | 5.9 | 6.1 | 6.8 | 7.1 |

주: 1) 2024년 단수는 농업관측센터 추정치, 2025년 이후는 전망치임
 2) 수출량은 케첩, 소스, 페이스트, 주스 등에 수율을 적용하여 신선토마토로 환산한 중량임
자료: 통계청, 관세청, 농업관측센터, 한국농촌경제연구원 KASMO(Korea Agricultural Simulation Model)

---

[5] 박경훈 외(2021)는 「기후변화 대응이 거시경제에 미치는 영향」에서 자연재해나 기온 상승 등으로 노동생산성이 저하되고 농축수산물 생산성이 감소할 가능성이 있다고 분석하였음. 또한, 정원석·이솔빈·조은정(2024)의 「이상기후가 실물경제에 미치는 영향」에 따르면, 글로벌 평균기온 상승이 국내 이상기후 발생 증가에 영향을 미쳤고, 국내 이상기후가 농림어업 GDP 성장률의 최대 1.1%p 하락을 초래한 것으로 분석하였음

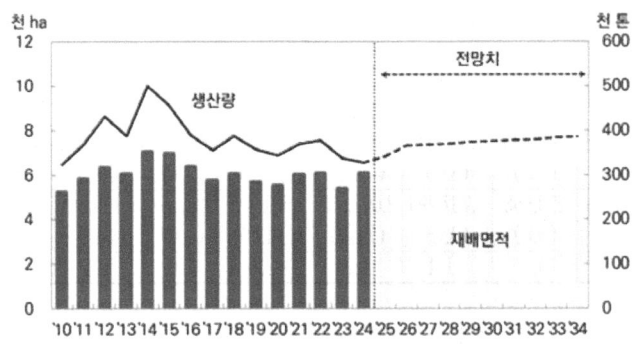

<토마토 중장기 생산 전망>

주: 2024년 생산량은 농업관측센터 추정치, 2025년 이후는 전망치임
자료: 통계청, 농업관측센터, 한국농촌경제연구원 KASMO(Korea Agricultural Simulation Model)

■ 시설토마토 10a당 수익성 (자료: 2023년 농촌진흥청 농산물 소득 자료집)

○ 2023년산 시설토마토 10a당 총수입은 18,961,806원으로 전년 대비 6.1% 감소
 - 가격은 14.2% 증가하였으나, 수량이 17.8% 감소하여 총수입은 감소함
○ 10a당 경영비는 9,411,225원으로 전년 대비 11.4% 감소
○ 10a당 소득은 9,550,581원으로 전년 대비 0.1% 감소

<연도별 10a당 수익성 비교>

| 년도 | 2018 (A) | 2019 (-) | 2020 (B) | 2021 (C) | 2022 (D) | 2023 (E) | 비율(%) | | | |
|---|---|---|---|---|---|---|---|---|---|---|
| | | | | | | | E/A | E/B | E/C | E/D |
| 총수입(원) | 15,498,334 | 15,928,784 | 18,469,253 | 20,124,327 | 20,194,728 | 18,961,806 | 122 | 103 | 94 | 94 |
| 단수(kg/10a) | 7,655 | 7,668 | 7,769 | 7,784 | 7,866 | 6,468 | 85 | 83 | 83 | 82 |
| 단가(원/kg) | 2,023 | 2,042 | 2,364 | 2,578 | 2,567 | 2,932 | 145 | 124 | 114 | 114 |
| 경영비(원) | 8,088,106 | 8,674,995 | 9,468,572 | 9,498,538 | 10,618,552 | 9,411,225 | 116 | 99 | 99 | 89 |
| 생산비(원) | 13,926,469 | 14,724,543 | 16,380,757 | 15,846,466 | 18,120,840 | 16,461,901 | 118 | 100 | 104 | 91 |
| 소 득(원) | 7,410,228 | 7,253,789 | 9,000,681 | 10,625,789 | 9,576,176 | 9,550,581 | 129 | 106 | 90 | 100 |
| 순수입(원) | 1,571,865 | 1,204,241 | 2,088,496 | 4,277,861 | 2,073,888 | 2,499,905 | 159 | 120 | 58 | 121 |

○ 시설토마토 10a당 생산비중 투입요소 비중은 노동비(48.3%), 기타재료비(12.2%), 감가상각비(11.4%), 수도광열비(8.2%) 순이었음
○ 노동비와 기타재료비, 감가상각비, 수도광열비가 전체 생산비의 80.1%를 차지함

<10a당 생산요소별 생산비>

(단위: 원, %)

| 항목 | 종자 종묘비 | 비료비 | 농약비 | 수도 광열비 | 기타 재료비 | 감가 상각비 | 임차료 | 노동비 | 용역비 | 기타 | 계 |
|---|---|---|---|---|---|---|---|---|---|---|---|
| 2023년 (A) | 1,338,367 (8.1) | 674,033 (4.1) | 244,336 (1.5) | 1,347,040 (8.2) | 2,012,656 (12.2) | 1,876,324 (11.4) | 335,159 (2.0) | 7,956,028 (48.3) | 550,794 (3.4) | 127,164 (0.8) | 16,461,901 (100.0) |
| 2022년 (B) | 1,223,197 (6.8) | 988,638 (5.4) | 253,698 (1.4) | 1,737,299 (9.6) | 2,002,557 (11.0) | 2,531,377 (14.0) | 192,467 (1.0) | 8,129,861 (44.9) | 942,131 (5.2) | 119,615 (0.7) | 18,120,840 (100.0) |
| 증감(A-B) | 1.3 | -1.3 | 0.1 | -1.4 | 1.2 | -2.6 | 1.0 | 3.4 | -1.8 | 0.1 | - |

☐ **시설방울토마토 10a당 수익성** (자료: 2023년 농촌진흥청 농산물 소득 자료집)

○ 2023년산 시설방울토마토 10a당 총수입은 16,030,839원으로 전년 대비 15.6% 감소
- 수량이 8.2%, 가격이 8.1% 감소하여 총수입은 감소함
○ 10a당 경영비는 9,702,000원으로 전년 대비 9.6% 감소
○ 10a당 소득은 6,328,839원으로 전년 대비 23.5% 감소

<연도별 10a당 수익성 비교>

| 년도 | 2018 (A) | 2019 (-) | 2020 (B) | 2021 (C) | 2022 (D) | 2023 (E) | 비율(%) | | | |
|---|---|---|---|---|---|---|---|---|---|---|
| | | | | | | | E/A | E/B | E/C | E/D |
| 총수입(원) | 14,227,921 | 16,582,654 | 16,992,353 | 17,904,695 | 19,003,876 | 16,030,839 | 113 | 94 | 90 | 84 |
| 단수(kg/10a) | 5,233 | 5,607 | 4,979 | 5,401 | 5,021 | 4,608 | 88 | 93 | 85 | 92 |
| 단가(원/kg) | 2,719 | 2,957 | 3,412 | 3,315 | 3,784 | 3,479 | 128 | 102 | 105 | 92 |
| 경영비(원) | 9,256,978 | 10,908,179 | 10,416,868 | 10,310,589 | 10,730,872 | 9,702,000 | 105 | 93 | 94 | 90 |
| 생산비(원) | 13,835,634 | 16,452,882 | 16,783,897 | 16,155,384 | 17,325,720 | 15,563,074 | 112 | 93 | 96 | 90 |
| 소득(원) | 4,970,943 | 5,674,475 | 6,575,485 | 7,594,106 | 8,273,004 | 6,328,839 | 127 | 96 | 83 | 76 |
| 순수입(원) | 392,287 | 129,772 | 208,456 | 1,749,311 | 1,678,156 | 467,765 | 119 | 224 | 27 | 28 |

○ 시설방울토마토 10a당 생산비중 투입요소 비중은 노동비(43.4%), 감가상각비(13.1%), 기타재료비(10.8%), 수도광열비(10.8%) 순이었음
○ 노동비와 감가상각비, 기타재료비, 수도광열비가 전체 생산비의 78.1%를 차지함

<10a당 생산요소별 생산비>

(단위: 원, %)

| 항목 | 종자 종묘비 | 비료비 | 농약비 | 수도 광열비 | 기타 재료비 | 감가 상각비 | 임차료 | 노동비 | 용역비 | 기타 | 계 |
|---|---|---|---|---|---|---|---|---|---|---|---|
| 2023년 (A) | 1,308,767 (8.4) | 656,115 (4.2) | 277,773 (1.8) | 1,685,320 (10.8) | 1,679,023 (10.8) | 2,035,858 (13.1) | 233,580 (1.5) | 6,756,681 (43.4) | 749,147 (4.8) | 180,810 (1.2) | 15,563,074 (100.0) |
| 2022년 (B) | 1,292,615 (7.5) | 824,455 (4.8) | 210,149 (1.2) | 1,749,635 (10.0) | 1,877,405 (10.8) | 2,491,213 (14.4) | 237,466 (1.4) | 7,439,645 (42.9) | 900,872 (5.2) | 302,265 (1.8) | 17,325,720 (100.0) |
| 증감(A-B) | 0.9 | -0.6 | 0.6 | 0.8 | - | -1.3 | 0.1 | 0.5 | -0.4 | -0.6 | - |

## 2. 주요작물 가격동향

기준일 2025. 4. 16.

◻ 가격 변동폭이 큰 품목 (전주·전월·전년 대비)

| 가격 상승 품목 | 가격 하락 품목 |
|---|---|
|  | 방울토마토, 표고버섯 |

◻ 농산물 도매가격 동향 (증감률 110 이상, 90 이하)

| | 품목 | 기준단위 | 당일 | 전주 | 증감률 | 전월 | 증감률 | 전년 | 증감률 | 평년 | 비고 |
|---|---|---|---|---|---|---|---|---|---|---|---|
| 채소 | 배추 | 1포기 | 5,706 | 5,737 | 99 | 5,534 | 103 | 4,380 | 130 | 4,575 | 전체 |
| | 무 | 1개 | 2,953 | 3,016 | 98 | 3,166 | 93 | 1,944 | 152 | 1,719 | |
| | 양파 | 1kg | 3,126 | 3,429 | 91 | 3,021 | 103 | 2,609 | 120 | 2,610 | |
| | 파 | 1kg | 2,770 | 2,864 | 97 | 3,673 | 75 | 2,300 | 120 | 2,631 | 대파 |
| | 시금치 | 1kg | 6,790 | 6,490 | 105 | 8,450 | 80 | 7,130 | 95 | 6,350 | |
| | 상추 | 1kg | 9,490 | 9,110 | 104 | 9,660 | 98 | 7,910 | 120 | 9,570 | 적 |
| | 깻잎 | 1kg | 29,090 | 28,920 | 101 | 30,150 | 96 | 19,590 | 148 | 20,470 | |
| | 호박 | 1개 | 1,669 | 1,954 | 85 | 2,308 | 72 | 1,713 | 97 | 1,546 | 조선애 |
| | 오이 | 10개 | 14,677 | 15,089 | 97 | 18,799 | 78 | 13,878 | 106 | 11,865 | 가시계통 |
| | 풋고추 | 1kg | 18,880 | 22,310 | 85 | 23,620 | 80 | 19,270 | 98 | 14,740 | |
| | 청양고추 | 1kg | 12,210 | 10,950 | 112 | 15,870 | 77 | 12,040 | 101 | 9,840 | |
| | 건고추 | 1kg | 17,644 | 29,720 | 59 | 17,626 | 100 | 18,659 | 95 | 16,131 | 화건 |
| | 피망 | 1kg | 16,290 | 16,550 | 98 | 19,070 | 85 | 14,410 | 113 | 13,300 | |
| | 파프리카 | 1kg | 10,390 | 10,650 | 98 | 10,525 | 99 | 10,090 | 103 | 8,115 | |
| | 토마토 | 1kg | 5,258 | 5,431 | 97 | 6,418 | 82 | 7,300 | 72 | 5,689 | |
| | 방울토마토 | 1kg | 9,583 | 11,110 | 86 | 10,729 | 89 | 13,188 | 73 | 8,397 | 대추형 |
| | 멜론 | 1개 | 15,627 | 16,181 | 97 | 18,047 | 87 | 15,741 | 99 | 14,768 | |
| | 수박 | 1개 | 27,337 | 29,075 | 94 | 28,737 | 95 | 30,336 | 90 | 25,046 | |

| 품목 | | 기준단위 | 당일 | 전주 | 증감률 | 전월 | 증감률 | 전년 | 증감률 | 평년 | 비고 |
|---|---|---|---|---|---|---|---|---|---|---|---|
| 과수 | 바나나 | 1kg | 3,350 | 3,490 | 96 | 3,010 | 111 | 2,710 | 124 | 3,060 | |
| | 사과 | 10개 | 28,588 | 29,134 | 98 | 27,452 | 104 | 24,262 | 118 | 24,975 | 후지 |
| | 배 | 10개 | 47,498 | 46,549 | 102 | 46,142 | 103 | 46,064 | 103 | 38,639 | 신고 |
| 특작 | 버섯 느타리 | 2kg | 18,020 | 17,760 | 101 | 18,640 | 97 | 20,040 | 90 | 20,960 | |
| | 새송이 | 2kg | 11,640 | 11,540 | 101 | 11,720 | 99 | 12,420 | 94 | 11,300 | |
| | 팽이 | 1.5kg | 5,650 | 5,870 | 96 | 5,920 | 95 | 5,880 | 96 | 5,620 | |
| | 표고 | 2kg | 11,727 | 16,676 | 70 | 16,830 | 70 | 14,651 | 80 | / | 생 |
| | 양송이 | 2kg | 17,746 | 20,842 | 85 | 18,372 | 97 | 20,203 | 88 | / | |
| | 수삼 | 10뿌리 | 31,000 | 31,000 | 100 | 30,000 | 103 | 35,000 | 89 | / | |
| | 6년근직삼 | 15편 | 51,600 | 51,600 | 100 | 50,400 | 102 | 49,200 | 105 | / | |
| 화훼 | 장미 | 1단 | 3,937 | 5,266 | 75 | 9,013 | 44 | 2,538 | 155 | / | 비탈 |
| | 백합 | 1단 | 7,658 | 11,269 | 68 | 11,603 | 66 | 7,923 | 97 | / | 시베리아 |
| | 호접란 | 1단 | 6,366 | 5,083 | 125 | 8,048 | 79 | 5,150 | 124 | / | 만천홍1.5대 |

* 자료: aTKamis, aT화훼공판장(장미, 백합, 호접란), 금산군청(수삼, 6년근직삼),
  서울특별시농수산식품공사(표고, 양송이)
* 수삼, 6년근직삼: 당일 2025/3/27, 전주 2025/3/22, 전월 2025/2/27, 전년 2024/3/27 기준으로 함
* 호접란: 당일 2025/4/14, 전주 2025/4/7, 전월 2024/3/10, 전년 2024/4/15 기준으로 함

편 집 인 : 기술지원과장 이남수
편집기획 : 최상호, 김다인, 성진경, 김성규, 박서준, 유군선,
         정홍인, 이승호, 박환규, 김소희, 김다인, 신동윤,
         나예림, 유홍규, 지수정

(연구결과 활용을 위한)
## 원예·특용작물 기술정보(8)

초판 인쇄   2025년 07월 10일
초판 발행   2025년 07월 15일

저   자 농촌진흥청, 국립원예특작과학원
발행인 김갑용

발행처 진한엠앤비
주소 서울시 서대문구 독립문로 14길 66 205호(냉천동 260)
전화 02) 364 - 8491(대) / 팩스 02) 319 - 3537
홈페이지주소 http://www.jinhanbook.co.kr
등록번호 제25100-2016-000019호 (등록일자 : 1993년 05월 25일)
ⓒ2025 jinhan M&B INC, Printed in Korea

ISBN 979-11-290-6049-5   (93520)        [정가 14,000원]

☞ 이 책에 담긴 내용의 무단 전재 및 복제 행위를 금합니다.
☞ 잘못 만들어진 책자는 구입처에서 교환해 드립니다.
☞ 본 도서는 [공공데이터 제공 및 이용 활성화에 관한 법률]을 근거로 출판되었습니다.